MÉMOIRE

ADRESSÉ

À S. E. M. LE MINISTRE DE L'AGRICULTURE,

DU COMMERCE ET DES TRAVAUX PUBLICS,

SUR LA

FABRICATION des ALLUMETTES CHIMIQUES

PAR

Mme MERCKEL,

FABRICANTE D'ALLUMETTES CHIMIQUES,

7, Rue du Petit-Houleur, à Paris.

PARIS,

IMPRIMERIE BOISSEAU ET AUGROS, PASSAGE DU CAIRE, 123-124

1858.

MÉMOIRE

ADRESSÉ

A S. E. M. LE MINISTRE DE L'AGRICULTURE,

DU COMMERCE ET DES TRAVAUX PUBLICS,

sur la

FABRICATION DES ALLUMETTES CHIMIQUES

par Mme **MERCKEL**, Fabricante d'Allumettes Chimiques,

7, Rue du Petit-Hurleur, à Paris.

MONSIEUR LE MINISTRE,

Depuis un an des bruits alarmants sont répandus en France, à Paris surtout, contre la fabrication des allumettes phosphorées.

Articles de journaux, faits divers, annonces fastueuses de procédés merveilleux, prospectus fantastiques de sociétés en formation, tout semble aujourd'hui se déchaîner contre cette industrie et pousser à sa ruine. Il ne s'agirait, en effet, de rien de moins que de prononcer législativement sa suppression. et le plus tôt semble être le meilleur.

Fondatrice en France de l'industrie des allumettes chimiques que je me suis efforcée, non sans succès, de maintenir toujours à la hauteur des progrès réalisés dans les sciences chimiques, j'ai lieu de m'inquiéter plus qu'aucun autre de ces menaces incessantes ; et j'ai, d'un autre côté, quelque droit de faire entendre ma voix dans une question dont une longue pratique m'a appris à connaître les nombreuses et graves difficultés.

Je suis bien convaincue, Monsieur le Ministre, de la vive sollicitude du Gouvernement pour les intérêts de l'industrie, et de la prudence extrême avec laquelle il est disposé à procéder dans une affaire aussi sérieuse. Je suis loin aussi de vouloir rendre le Gouvernement responsable de tous les projets qu'on lui prête. Mais au milieu de ce concert de réprobation qui s'élève, j'ai lieu de craindre que la multiplicité des documents erronés qui lui arrivent ne vienne, malgré lui, tromper ses bonnes intentions.

Je ne mets pas en doute, d'un autre côté, Monsieur le Ministre, ni la science, ni l'impartialité, ni la prudence des savants que le Gouvernement a pu appeler à émettre leur avis sur ces matières. Mais l'expérience de chaque jour nous apprend que, quelque puissante que soit la science théorique pour diriger l'industrie vers de nouvelles conquêtes. vers de nouveaux progrès, elle est presque toujours insuffisante pour résoudre les questions de pratique industrielle, pour faire passer ses découvertes du laboratoire du savant dans l'atelier du fabricant. C'est que les opérations de laboratoire faites avec des produits d'une pureté absolue, avec des appareils d'une précision parfaite, sur des quantités presque toujours minimes, rencontrent des conditions tout autres lorsqu'il s'agit de les pratiquer, comme le veut l'industrie, sur de grandes masses de matières toujours impures, souvent même falsifiées à dessein, et dans des appareils que leurs dimensions rendent nécessairement imparfaits et fort difficiles à conduire.

Or, si ces observations sont fondées toutes les fois qu'il s'agit de faire passer un produit quelconque de la science théorique dans la pratique industrielle, elles sont vraies plus que jamais lorsque le produit à transformer ainsi est un produit chimique.

Vous avez, Monsieur le Ministre, une preuve bien frappante de la vérité de cette observation dans un fait notable qui s'est produit à l'occasion de la question même dont j'ai l'honneur de vous entretenir.

Lorsque le phosphore rouge fut connu et qu'on eût remarqué ses étonnantes propriétés, les savants de tous les pays s'empressèrent de proclamer qu'il fallait le substituer au phosphore blanc dans la fabrication des allumettes phosphorées; ce qui devait faire disparaître, comme par enchantement, tous les inconvénients qu'elles présentent.

Mais la pratique démontra tout aussitôt deux énormes difficultés que la théorie n'avait pu prévoir.

1° Le phosphore rouge ne peut plus être enflammé par les nitrates qui agissent si utilement et si avantageusement sur le phosphore blanc, dans les allumettes actuelles, puisqu'ils produisent l'inflammation sans explosion.

2° Le chlorate de potasse, qui paraît jusqu'à présent être la seule substance capable d'enflammer le phosphore rouge, forme, lorsqu'il est en contact avec lui, un composé si explosif, et amène de si graves dangers, tant dans la fabrication que dans l'usage, qu'il a fallu, dès le premier moment, renoncer à une combinaison qui avait paru si simple d'abord.

Je viens donc, Monsieur le Ministre, vous prier de vouloir bien me mettre à même de vous fournir toutes les observations pratiques que comporte la question, et à cet effet, décider qu'il me sera donné communication des documents ci-après, lesquels n'ont pas été publiés, savoir : 1° L'enquête ouverte en 1855 dans vos bureaux sur la fabrication des allumettes chimiques; enquête à laquelle j'ai été appelée et à laquelle j'ai fourni les renseignements en mon pouvoir, mais dont je ne sais rien si ce n'est ce que j'ai dit moi-même.

2° Les renseignements qui ont pu être donnés à Votre Excellence, soit par les fonctionnaires de l'État, soit par les membres du conseil de salubrité, ou autres personnes.

Mais en attendant cette communication, je puis dès aujourd'hui, Monsieur le Ministre, soumettre à vos lumières quelques détails pratiques qui, j'ose l'espérer, ne vous paraîtront pas sans intérêt.

PREMIÈRE PARTIE.

Histoire pratique de l'Industrie des Allumettes Chimiques.

1808. — Le briquet oxygéné qui fut le premier degré de l'industrie des allumettes chimiques, paraît avoir été inventé en France dès le commencement de ce siècle, vers 1808; mais, ainsi qu'il est arrivé pour beaucoup d'autres inventions françaises, ce n'était pas en France que celle-ci devait devenir le point de départ d'une industrie sérieuse.

1813. — En effet, dès 1813, Wagnemann fabriqua industriellement, à Tubingue et à

Berlin, les premiers briquets oxygénés, dans lesquels les allumettes s'enflammaient au contact de l'acide sulfurique.

1831. — Cette industrie, ainsi que la composition sur laquelle elle reposait, fut introduite à Vienne (Autriche), par Römer, en 1831.

C'est dans les derniers mois de cette même année que je fondais moi-même à Paris mon établissement dont la fabrication résume assez exactement l'histoire de cette industrie en France. Mes premiers brevets d'invention déterminent nettement le point de départ de mes travaux.

La composition Waguemann qui servait de base à la fabrication de Römer, à Vienne, renfermait les substances ci-après indiquées, dont les dosages ne sont pas connus ; ma composition contenait les mêmes substances dans les proportions que j'indique, savoir :

COMPOSITION RÖMER.		COMPOSITION MERCKEL.	DOSAGES.
Chlorate de potasse.	»	Chlorate	498 gr.
Soufre	»	Fleur de soufre.	410 »
Gomme arabique	»	Gomme arabique.	73,8
Cinabre (colorant).	»	Sulfure de plomb.	25 »

Les allumettes ainsi fabriquées présentaient de grands inconvénients. Elles répandaient une mauvaise odeur ; elles éclataient avec violence en projetant de tous côtés des éclats enflammés ; enfin l'acide sulfurique dans lequel il fallait tremper le bout de l'allumette armé de la pâte inflammable, s'altérait promptement par la facilité avec laquelle il absorbe l'eau, et devenait bientôt impropre au service qu'on en attendait.

Mais c'était un moyen prompt et commode de se procurer de la lumière, bien supérieur au briquet à pierre, et l'on passait sur les inconvénients accessoires.

La composition sus-énoncée se conserva donc dans les fabriques allemandes jusqu'en 1832, sans autre changement que des modifications peu importantes, consistant dans les dosages ou dans la substitution du lycopode à une partie du soufre et du minium au cinabre, choses qui ne changeaient rien au fond et ne diminuaient pas les inconvénients. Pendant ce temps j'y faisais moi-même diverses modifications analogues.

1832. - 1833. — En 1832, la fabrique viennoise produisit les premières allumettes *à friction*, dites *congrèves*, et je faisais moi-même, en 1833, cette fabrication dans des conditions presque identiques, ainsi qu'on peut le voir par la comparaison des deux compositions :

ALLUMETTES CONGRÈVES (Vienne), 1832.		ALLUMETTES ÉLECTRIQUES MERCKEL, août 1833.	
Chlorate de potasse.	1 partie.	»	42 parties.
Sulfure d'antimoine.	2 »	»	76 .
Gomme.	non indiquée.	Gomme arabique.	4 »
»	»	Gomme adragante	4 »

L'inflammation de l'allumette se faisait, pour les allumettes viennoises, en les frottant vivement entre les deux parties d'une carte garnie de sable ; tandis que, pour les miennes, j'avais cru devoir composer la surface de frottement des éléments suivants : hydrochlorate, 160 grammes ; gomme arabique, 500 grammes ; pierre ponce en poudre, 300 grammes ; minium, 36 grammes.

Mes allumettes électriques sont les premières allumettes à friction qui aient été connues en France.

Dès la fin de 1832, j'avais aussi préparé, pour l'usage des fumeurs, des allumettes dites pyrogènes, destinées à brûler pendant un temps assez long, sous forme de charbon ardent, de manière à éviter les inconvénients du vent qui, en plein air, éteint souvent la flamme des allumettes ordinaires.

Ces allumettes étaient composées de :

    Charbon en poudre . . . . 400 parties.
    Gomme arabique 60   "
    Nitrate de potasse . . . . 400 "
    Papier sans colle . . . . 100 "

Le tout réduit en pâte dans un mortier et découpé en bandes de 1 millimètre d'épaisseur, sur 3 ou 4 de large, et 3 à 4 centimètres de longueur. Ces bandes étaient ensuite armées par un bout de la composition inflammable ordinaire.

En 1833, fut fondé à Vienne l'établissement de M. J. Preshel, dont le nom reviendra plus d'une fois dans ce mémoire. Lui et Römer exploitèrent concurremment les allumettes dites *congrèves* ou électriques, comme je les avais nommées, suivant la formule plus haut indiquée.

Mais bientôt, sur des indications dont l'inventeur n'est pas connu, ils remplacèrent le sulfure d'antimoine par le phosphore blanc qui se trouva ainsi associé au chlorate de potasse. Les proportions étaient les suivantes :

    Chlorate de potasse . . . . 11 parties.
    Phosphore . . . . 44 "
    Gomme . . . . 45 "
    Bleu de Prusse 0,5

Cette composition était des plus dangereuses par l'extrême facilité avec laquelle elle faisait explosion.

Dans la préparation, la moindre imprudence de l'ouvrier faisait naître une explosion violente, et le même accident pouvait se produire dans le transport. Aussi les compagnies d'assurances refusaient-elles absolument de garantir les risques des commissionnaires chargeant ce genre de marchandises, et les capitaines ne voulaient pas les accepter. A l'usage, elles produisaient une déflagration bruyante avec projection de substances enflammées, occasionnant de cruelles brûlures aux mains et à la face du consommateur, et parfois même des incendies.

Aussi arriva-t-il que la fabrication, l'introduction et l'usage de ces allumettes furent bientôt législativement défendus dans les États suivants : Bavière, Brunswick, Hanovre et Sardaigne. Et cette interdiction ne fut levée qu'en 1840, longtemps après que la fabrication allemande eût changé tout à fait son mode de préparation.

Il y avait au moins alors de graves motifs pour justifier la mesure adoptée par les États sus-nommés. Nous aurons lieu d'examiner plus tard si des motifs analogues existent aujourd'hui en France, comme le prétendent quelques personnes.

1835. — En 1835, Octave Trevany remplace une partie du chlorate par du minium et du peroxyde de manganèse, et le phosphore par du sulfure d'antimoine. C'était revenir à la composition de l'allumette *congrève* ou électrique de 1832-33, en lui donnant un danger de fabrication presque égal à celui de l'allumette au chlorate phosphoré.

1836. — En 1836, vaincue par les instances des consommateurs qui exigeaient des allumettes d'une inflammation plus prompte et plus facile, je dus, malgré les dangers du travail, me résoudre à fabriquer moi-même les allumettes au chlorate et au phosphore, pour lesquelles je ne pris pas de brevet, mais pour l'emploi desquelles j'inventai un réservoir ou réceptacle disposé de telle façon qu'en tirant l'allumette par le bout non préparé, on la voyait sortir tout enflammée, sans qu'on eût besoin de chercher la surface de frottement. (*Briquet pyromagique*, brevet du 15 juin 1836.)

1837. — En 1837, M. J. Preshel, de Vienne, découvrit que le péroxyde de plomb pouvait produire l'inflammation du phosphore aussi bien que le chlorate, et sans produire d'explosion. Et bientôt après il remarquait qu'on réussissait aussi bien, et même mieux, avec un mélange de bioxyde et d'azotate (ou nitrate) de plomb, tel qu'il résulte de la réaction de l'acide nitrique sur le minium (minium, 2 parties, acide azotique ou nitrique, 0,50). Il remplaça donc entièrement le chlorate par ce nouveau produit.

C'est un des plus grands progrès qui aient été réalisés dans la fabrication des allumettes chimiques. C'est à cette combinaison qu'on doit les allumettes sans explosion qui ne tardèrent pas à se concilier la faveur générale.

Dans la même année (brevet de juillet 1837), j'indiquais le nitrate de plomb comme devant entrer dans la composition des allumettes chimiques pour les rendre moins hygrométriques ; je signalais le trempage à chaud des allumettes en bois dans l'acide stéarique ou margarique, pour leur permettre de prendre feu sans soufre et de brûler plus longtemps avec flamme ; enfin, je proposais une nouvelle allumette à mèche de coton plus économique que l'allumette en cire, et d'un usage à peu près aussi avantageux ; j'employais pour cela, esprit de vin, 1 litre ; sandaraque, 8 onces ; verre blanc pilé, 3 onces ; storax pur, 4 gros ; le tout destiné à imprégner à chaud une mèche de coton, qu'on devait ensuite régulariser au moyen de la filière inventée par moi pour les allumettes en cire.

Dans le même temps, le docteur Boettger, de Francfort-sur-le-Mein, proposait la composition suivante :

Phosphore.	9 parties.
Azotate de potasse.	14 »
Péroxyde de manganèse.	14 »
Gomme	16 »

Cette composition devait être fort hygrométrique à cause de l'azotate de potasse qui est toujours impur.

1839. — En 1839, outre les allumettes congrèves ou électriques, et les allumettes au chlorate et au phosphore, je fabriquais encore, pour quelques personnes qui les préféraient, les allumettes dites oxygénées, enflammées par l'acide sulfurique, et j'avais inventé, pour éviter l'altération de cet acide, un procédé qui eut un assez grand succès. Une gouttelette d'acide sulfurique était introduite dans un tube de verre capillaire et fort mince, de cinq millimètres de long, scellé d'une matière résineuse ; le tube ainsi préparé se plaçait dans la tête d'une allumette soit en papier, soit en cire, laquelle était ensuite revêtue de la composition inflammable. Une légère pression de l'ongle, sur la tête de l'allumette, brisait le tube et laissait écouler l'acide qui enflammait aussitôt la pâte. Ce genre d'allumettes fort prisé, dans le temps, par les fumeurs, exigeait un travail assez long qui rendrait les allumettes fort cher. Aussi ont-elles dû disparaître aussitôt qu'il a été possible de fournir, à plus bas prix, des allumettes aussi commodes.

1844. — En 1844 le D' Boettger proposait une combinaison réellement *économique et à bon marché*, comme il l'annonçait, mais hygrométrique et moins combustible que la composition Preshel qui est de beaucoup préférable. Voici la composition Boettger.

Phosphore	4 parties.
Azotate de potasse	10 »
Colle forte	6 »

Minium ou ocre rouge . . . . 3 parties.
Smalt. . . . . 2 »

1847. — En 1847 le D. Schrötter secrétaire de l'Académie impériale de Vienne, trouve la préparation du phosphore rouge et constate ses singulières propriétés. M. Preshel, qui en est instruit, conçoit aussitôt l'espoir de l'employer dans la fabrication des allumettes, en remplacement du phosphore blanc; mais la combinaison qu'il obtient est tellement explosible et dangereuse qu'il est obligé d'y renoncer.

« Bien qu'elles fussent confectionnées avec du phosphore rouge préparé par « M. Schrötter lui-même, dit M. Stas (*rapport du jury international*, p. 514), les « allumettes de M. Preshel explosionnaient d'une manière beaucoup plus bruyante et « crachaient plus que celles confectionnées au chlorate et au phosphore ordinaire........ « Nous avons d'ailleurs eu l'occasion de nous assurer par nous-même du danger du « maniement des allumettes armées de la pâte au chlorate de potasse et au phosphore « amorphe. En voulant déterminer la qualité des allumettes exposées par un industriel « à l'appui de l'application du phosphore rouge, nous avons failli nous aveugler. Une « grande quantité d'allumettes contenues dans une boîte de ferblanc ont fait explosion • en fermant la boîte....... le couvercle de la boîte s'est soulevé et une flamme très vive, « fort longue même nous a léché la face.

« *Les inconvénients et les dangers que présentent les allumettes munies d'une pâte au* ‹ *phosphore amorphe et au chlorate de potasse sont donc tels que la simple prudence* « *oblige de les proscrire.* »

1848. — En 1848 j'adoptai l'emploi du nitrate et du bioxyde de plomb en remplacement du chlorate de potasse pour la composition des allumettes phosphorées s'enflammant sans explosion.

Je ne pris pas de brevet pour ce genre d'allumettes, d'une part, parce que le principe de la composition se trouvait dans le domaine public, les allumettes fabriquées par M. J. Preshel depuis 1837 ayant été connues en France ; d'une autre part, parce que l'expérience m'avait convaincue que la qualité des allumettes dépendait du choix des matières et des soins de la fabrication beaucoup plus que des dosages qui, comme vous l'avez pu remarquer, M. le Ministre, et comme cela deviendra plus évident par la suite de ce mémoire, peuvent varier dans des proportions très notables, sans apporter des changements bien sérieux dans la valeur des produits.

Depuis cette époque la fabrication des allumettes chimiques se fait d'après le même principe dans les bonnes maisons qui ont chacune leur mode particulier de dosage.

Il parait cependant que quelques fabricants emploient aussi les préparations suivantes, indiquées par M. Payen dans son Cours de chimie appliquée, 3ᵉ édition.

1° Pour les allumettes *avec bout soufré.*

	PATE A LA COLLE FORTE		PATE A LA GOMME.
Phosphore	2,5		2,5
Colle forte	2	Gomme.	2,5
Eau	4,5		3
Sable fin	2		2
Ocre rouge	0,5		0,5
Vermillon	0,1		0,1

M. Stas déclare n'avoir pu constater la présence du vermillon dans les allumettes qu'il a eu l'occasion d'examiner, lors de l'exposition.

2° Pour les allumettes *sans soufre*.

$$\begin{array}{ll}
\text{Phosphore} & 3 \\
\text{Gomme} & 3 \\
\text{Eau} & 3 \\
\text{Sable} & 2 \\
\text{Bioxyde de plomb} & 2
\end{array}$$

Enfin il y a un assez grand nombre de petits fabricants et d'ouvriers en chambre qui fabriquent des allumettes tout à fait communes où il n'entre que du phosphore et de la colle forte, appliqués sur un bout soufré. Ce genre d'allumettes donne une très mauvaise odeur à la consommation, et est fabriqué dans des conditions fort peu hygiéniques, presque toujours dans la pièce même où mange et couche toute la famille.

1848. — C'est le docteur Boettger de Francfort-sur-le-Mein qui paraît avoir le premier, et dès 1848, trouvé un moyen pratique pour l'emploi du phosphore rouge et des allumettes au chlorate. Ce moyen consiste à préparer d'une part des allumettes où le chlorate est seul, ou associé avec d'autres substances peu inflammables, et d'autre part une surface de frottement dans laquelle le phosphore rouge entre comme ingrédient essentiel.

Par ce moyen il n'y a contact entre les deux substances qu'au moment où la tête de l'allumette est portée sur la surface de frottement : il n'y a donc que cette allumette qui puisse être enflammée.

Cette combinaison paraît avoir été tenue secrète par son auteur pendant plusieurs années.

De son côté M. Lundstrom, directeur de la fabrique d'allumettes de Jönköping en Suède a, au moment de l'Exposition de 1855, fait remettre au jury une note dans laquelle il offrait de prouver que, dès le commencement de 1853, il mettait en pratique dans sa fabrique de Jönköping un système de séparation analogue à celui trouvé dès 1848 par le docteur Boettger ; et le jury considérant que, d'une part, il y avait des différences marquées dans la composition des allumettes de Jönköping comparées à celles des autres fabricants dont je vais parler ; que, d'autre part, le procédé Boettger avait été tenu secret pendant plusieurs années, ne paraît pas avoir mis en doute la sincérité de M. Lundstrom affirmant qu'il a, de lui-même et sans connaître les travaux de M. Boettger, pratiqué dans sa fabrique de Jönköping en Suède, ce procédé de séparation.

1854 - 1855. — Quant au procédé Boettger, il fut, en 1854, pratiqué à Vienne par M. Preshel qui en attribuait lui-même l'invention au docteur Boettger. Et d'un autre côté celui-ci aurait, le 6 février 1855, ainsi qu'il l'a déclaré au jury, cédé à M. Bernard Fürth, de Schüttehofen en Bohême, le droit de fabrication et d'exploitation pour les États Autrichiens.

MM. J. Preshel de Vienne (Autriche), Bernard Fürth de Schüttenhofen (Bohême) et Lundstrom de Jönköping (Suède) figuraient tous les trois à l'Exposition universelle, et ont reçu tous les trois des récompenses du jury international, lequel m'a accordé à moi-même une médaille de deuxième classe, *la seule médaille accordée à la France pour cette industrie*, en motivant sa décision dans les termes ci-après, pour ce qui concerne la fabrication des allumettes chimiques : « Madame Merckel, à Paris, a exposé « une collection complète de tous les produits préparés actuellement en France « pour se procurer du feu et de la lumière..... »

« Tous les produits exposés par madame Merckel se distinguent par une grande per- « fection : *ils peuvent soutenir la comparaison avec ce que les fabricants Autrichiens*

« *ont exposé de mieux; les pâtes* qui garnissent les allumettes et autres objets *prennent* « *feu sans bruit et sans projection aucune;* les tiges d'allumettes présentent une « bonne solidité.

« Les briquets mécaniques sont 'très ingénieux et remplissent convenablement leur « but. *On peut les porter sur soi et se procurer du feu sans risque aucun.* »

« .... En raison *de l'excellente qualité des produits* de sa fabrication, le jury lui « accorde une médaille de deuxième classe. »

1855, 25 juin. — M. Lundstrom, usant du droit réservé aux exposants par la loi du 5 mai 1855, se fit délivrer un certificat de propriété par la Commission impériale de l'Exposition universelle, pour son procédé d'emploi séparé du chlorate de potasse et du phosphore amorphe.

Dans la description jointe à sa demande, M. Lundstrom décrit ainsi son procédé de fabrication.

COMPOSITION DES ALLUMETTES.

Chlorate de potasse	6 parties.
Sulfure d'antimoine	2 »
Colle animale	1 »

Le tout pour faire une pâte liquide dans laquelle on trempe le bout soufré ou stéariné des allumettes.

Surface de frottement. — Elle se compose d'un mélange de phosphore rouge et de péroxyde de manganèse en proportions non déterminées, le tout mis en pâte avec de la colle et appliqué sur une épaisseur de un septième de millimètre.

Il est observé que la composition des allumettes n'a rien d'absolu, et doit varier selon le degré de sensibilité qu'on vent leur donner.

MM. J. Preshel, Bernard Fürth et Boettger n'ont ni réclamé un semblable certificat, ni pris plus tard en France un brevet d'invention.

1855, 6 août. — Demande, par MM. Coignet père et fils, d'un brevet (à eux délivré le 27 octobre suivant, n° 24,347) pour l'emploi du phosphore rouge dans la fabrication des allumettes chimiques.

Ces Messieurs disent que *jusqu'à présent* on emploie le phosphore rouge en délayant, dans une pâte glutineuse quelconque, une certaine quantité de cette substance réduite en poudre, et mélangée avec une substance oxygénée, chlorate de potasse, nitrate de potasse ou de plomb ; et l'on garnit de cette pâte le bout des allumettes, ce qui présente un grand danger, vu l'extrême sensibilité de ces deux matières qui s'enflamment au moindre frottement et même spontanément.

Pour éviter ces inconvénients ils adoptent la composition suivante qu'ils entendent faire breveter à leur profit.

On prépare une pâte glutineuse quelconque; on en garnit *la surface* INTERNE ou EXTERNE des boîtes destinées à contenir les allumettes ; puis, pendant que la pâte est encore fraîche, on y sème, soit le phosphore rouge, soit le chlorate de potasse pour remplacer le gratin ordinaire.

On fait, d'une autre part, une autre pâte semblable de substance glutineuse quelconque dans laquelle on introduit soit le chlorate ou autre substance oxygénée, soit le phosphore rouge, suivant la substance qu'on a employée dans le gratin. (Cette seconde pâte doit vraisemblablement être employée pour garnir la tête des allumettes, ce qui pourtant n'est pas dit dans la description).

Les allumettes composées d'après ce principe ne présentent aucun danger, disent les impétrants, puisqu'il n'y a contact entre les deux substances dangereuses qu'au moment où l'on approche l'allumette pour l'allumer.

1856, 14 avril. — M. Lundstrom se fait délivrer le brevet d'invention complémentaire du certificat de garantie par lui réclamé en 1855.

Les compositions qu'il indique cette fois diffèrent de celles du certificat, et pour les allumettes et pour la surface de frottement.

COMPOSITION DES ALLUMETTES

Chlorate de potasse.	5 parties.
Sulfure d'antimoine.	2 »
Colle	1 »

Si le produit paraît trop inflammable, on peut y ajouter un peu de péroxyde de manganèse ; (cette dernière substance figurait au certificat comme devant entrer dans la composition de la surface de frottement).

SURFACE DU FROTTEMENT. — Cette surface doit être garnie d'une pâte composée de phosphore rouge et de sulfure d'antimoine en proportions à peu près égales, variables toutefois à la volonté du fabricant. La proportion indiquée par M. Lundstrom comme celle qui lui paraît la meilleure est de 8 parties de phosphore rouge et de 9 de sulfure d'antimoine.

L'auteur répète ici que *les proportions* de matières indiquées dans son exposé *n'ont rien d'absolu* et varient suivant les effets que le fabricant veut obtenir.

L'enduit de la surface de frottement est indiqué comme devant avoir un demi millimètre d'épaisseur.

1856, 14 août. — MM. Coignet père et fils demandent un brevet pour la combinaison ci-après :

1° Faire une pâte avec le phosphore rouge et une substance glutineuse quelconque et y tremper le bout des allumettes.

2° Faire une autre pâte avec le chlorate de potasse et une matière glutineuse quelconque et y plonger le bout de l'allumette déjà garni de phosphore rouge.

Les deux substances étant ainsi superporsées on évite le danger de l'emploi simultané.

On peut ajouter à la pâte de phosphore rouge un sel quelconque pour la rendre plus inflammable.

1856, 10 novembre. — Cession à MM. Coignet père et fils du brevet Lundstrom, suivant acte notarié.

1857, 26 mars. — Addition au brevet Lundstrom, réclamée par MM. Coignet père et fils, cessionnaires.

Ces Messieurs expliquent que la surface de frottement n'exige pas impérieusement un mélange de sulfure d'antimoine ou de péroxyde de manganèse ; que le phosphore rouge est la seule substance essentielle et peut même être employé absolument seul.

Même date. — M. Canouil demande un brevet pour un système d'allumettes dites *sans poison*, qu'il compose ainsi:

Dextrine ou gomme.	10 parties
Chlorate de potasse.	75 »
Bioxyde de plomb.	35 »
Pyrite de fer.	35 »

La pyrite de fer peut être remplacée par le sulfure d'antimoine, de mercure, ou toute autre substance sulfurée.

1857, 8 avril. — Deuxième addition au brevet Lundstrom réclamée par MM. Coignet père et fils.

Ils font remarquer que le brevet Lundstrom consiste uniquement dans l'idée de séparer le chlorate du phosphore rouge, en mettant l'un sur les allumettes, et l'autre sur la surface de frottement ; que dès-lors ils réclament comme leur propriété privative toute espèce de combinaison prévue ou imprévue dans laquelle le phosphore rouge sera employé séparément du chlorate.

Ils indiquent quelques dispositions de boîtes et d'objets divers sur lesquels il peuvent établir des surfaces de frottement au phosphore rouge.

1857, avril. — (N° 31,651.) MM. Coignet père et fils prennent en leur nom personnel un brevet spécial pour s'assurer la propriété de la même *idée de séparation* qui fait l'objet de l'addition n° 2 au brevet Lundstrom.

1857, 27 avril. — (N° 31,818.) MM. Coignet père et fils prennent un brevet pour une fabrication d'allumettes dans laquelle ils annoncent tout d'abord *qu'ils n'emploient plus aucune espèce de phosphore ni rouge ni blanc.*

Ils déclarent inutile de décrire la manière de procéder pour la fabrication de leurs allumettes dont la composition est indiquée comme suit :

Colle, dextrine ou tout autre matière glutineuse. . . .	1 1/2	partie
Chlorate de potasse	8	»
Péroxyde de plomb ou toute autre substance oxigénée.	1	»
Sulfure de mercure, d'antimoine ou autre	5	»
Soufre en poudre, sublimé ou broyé.	1 1/2	»
Verre pilé, sable, émeri etc	1	»

1857, 29 avril. — (N° 31,952.) M. Hochstaetter fait enregistrer en France un brevet pris en Angleterre le 28 avril pour une composition d'allumettes indiquée comme suit :

Chromate de potasse.	4	parties
Chlorate de potasse	14	»
Péroxyde de plomb ou autre matière oxygénée.	9	»
Sulfure rouge de mercure	3, 5	»

On fait un premier mélange des deux premières substances (chromate et chlorate de potasse) avec eau et matière glutineuse.

On fait un autre mélange de la même manière avec le péroxyde de plomb et le sulfure de mercure.

On réunit ensemble les deux préparations et on y trempe le bout soufré des allumettes.

Les deux compositions ayant été préparées séparément, il n'y a, selon l'auteur, aucun inconvénient dans leur réunion.

1857, 22 juillet. — (N° 33,051.) M. Deffaux prend un brevet pour la composition d'allumettes ci-après :

1° Colle gélatine, gomme ou matière glutineuse quelconque.

2° Sable, verre pilé, émeri, ou tout autre matière analogue.

3° Nitrate de potasse ou de plomb.

4° Péroxyde de plomb, ou tout autre substance oxygénée.

5° Une *petite quantité* de chlorate de potasse et de phosphore rouge.

L'auteur trouve inutile de donner aucune indication sur le mode de préparation de ses allumettes.

Il n'énonce aucun dosage.

Il déclare s'être assuré par de nombreuses expériences que, le chlorate de potasse et le phosphore rouge étant employés, comme il le dit, *en petites quantités*, il n'en peut résulter aucun inconvénient.

1857, 7 octobre. — M. Canouil réclame un certificat d'addition à son brevet du 26 mars 1857.

Il réclame comme sa propriété privative l'idée qu'il émet de remplacer facultativement, dans la fabrication des allumettes chimiques, les sulfurés métalliques par les cyanures métalliques.

Il propose en conséquence la composition d'allumettes suivantes :

    Sous-sulfo-cyanure ferrique de plomb. . . . .   3 parties.
    Chlorate de potasse.   10 id.

Bichromate de plomb, comme colorant, en quantité variable suivant la couleur qu'on veut obtenir.

Ici se termine, Monsieur le Ministre, l'exposé des procédés pratiques de l'industrie des allumettes chimiques, exposé qui était indispensable, parce que j'aurai plus d'une fois l'occasion de m'y reporter dans la discussion qui va suivre.

DEUXIÈME PARTIE.

Discussion.

Première Section. — LES PROCÉDÉS LUNDSTROM, COIGNET, CANOUIL, OU AUTRES, SONT-ILS PRÉFÉRABLES AUX PROCÉDÉS ACTUELS?

Est-il vrai, comme paraissent l'avoir espéré et comme l'espèrent peut-être encore MM. Coignet père et fils, que le Gouvernement se soit montré plus ou moins disposé à acheter, pour le mettre dans le domaine public, le procédé Lundstrom, devenu pour la France la propriété de MM. Coignet père et fils ?...

Est-il vrai que, plus récemment, le Gouvernement ait manifesté l'intention de proscrire absolument, dans la fabrication des allumettes chimiques, l'emploi de toute espèce de phosphore, soit rouge, soit blanc, ainsi que l'affirme M. Canouil, dans ses prospectus, et qu'il doive résulter de cette mesure un privilége effectif et absolu au profit de la fabrication Canouil ?...

Je n'ai pas besoin de répéter ici, Monsieur le Ministre, que je n'entends, en aucune façon, rendre le Gouvernement de S. M. l'Empereur responsable ou solidaire, en quoique ce soit, de *réclames* qui ont tout d'abord pour but évident d'impressionner le public dans l'intérêt personnel de ceux qui les répandent.

Je sais seulement que le Gouvernement de Sa Majesté a porté une sérieuse attention sur la fabrication des allumettes chimiques et qu'il étudie cette question avec la prudence et la bienveillance qui caractérisent tous ses actes.

Si donc il arrivait qu'après mûr examen la fabrication des allumettes, par le procédé Lundstrom (Coignet cessionnaire), parût offrir en effet une solution, bien satisfaisante à tous les points de vue, des inconvénients réels que présentent les allumettes phosphorées, il ne serait certes pas impossible : 1° qu'il se portât à interdire tout mode de fabrication autre que celui de Lundstrom ; 2° que, considérant les graves préjudices qu'une telle mesure causerait à de nombreux industriels, il songeât à leur donner, à titre d'indemnité, le droit de fabrication par le procédé Lundstrom, lequel serait alors acquis par expropriation pour cause d'utilité publique.

Il ne serait pas impossible, par des raisons analogues, que, reconnaissant qu'il existe encore de graves inconvénients dans l'emploi du phosphore rouge, même avec les ingénieuses modifications introduites dans son emploi, par M. Lundstrom, le Gouvernement trouvât préférable de proscrire l'usage de toute espèce de phosphore, soit blanc, soit rouge, et arrivât ainsi à consacrer plus ou moins directement la supériorité du procédé Canouil; sauf à examiner aussi s'il y aurait lieu ou non d'exproprier ce procédé dans l'intérêt public.

Ces deux éventualités sont donc rigoureusement possibles, en admettant, bien entendu, que MM. Coignet et Canouil parvinssent à établir, comme ils se disent en mesure de le faire, l'excellence de leurs procédés ; et cela suffit pour que je doive les examiner, afin de fournir au Gouvernement ma part de lumière dans cette grave question et le mettre à même d'agir en parfaite connaissance de cause.

PREMIÈRE HYPOTHÈSE.

ACHAT DU PROCÉDÉ LUNDSTROM CÉDÉ A MM. COIGNET PÈRE ET FILS.

Voici comment s'expriment MM. Coignet père et fils dans un imprimé intitulé : *Communication à la Société d'encouragement sur un nouveau système d'allumettes chimiques*, écrit qui dut voir le jour peu de temps après l'acquisition du brevet Lundstrom (10 novembre 1856) :

« La substitution du phosphore rouge dit amorphe au phosphore blanc serait un vrai
« bienfait public. *Telles sont d'ailleurs les conclusions unanimes* du conseil d'hygiène du
« département de la Seine, de l'Académie de Médecine, et du conseil général d'hygiène.
« *Ce serait bien aussi l'avis du Gouvernement lui-même.* Mais on conçoit que.... il soit tenu
« à une grande réserve et une grande prudence.

« D'autant plus qu'au point de vue pratique cette substitution ne parait pas exempte de certaines difficultés... » Ici vient un exposé des dangers que présente le phosphore rouge mis en contact avec le chlorate de potasse.

« L'évidence de ce danger, continuent MM. Coignet, a suffi, *nous le croyons,* pour *suspendre l'intervention du Gouvernement.*

« *Mais* aujourd'hui *cette suspension n'a plus de raison d'être;* un industriel, M. Lundstrom..... etc. » Ici vient la description du procédé Lundstrom, et l'énumération des avantages qu'il présente....... *M. Lundstrom a complètement résolu la question.*

« Nous sommes heureux, Messieurs, de vous annoncer que, *voyant la substitution si*
« *utile, si désirable, du phosphore rouge* au phosphore ordinaire, *indéfiniment suspendue*
« *par le fait d'une difficulté pratique, et frappés,* comme vous l'avez tous été, de l'impor-
« tance de l'idée de M. Lundstrom, nous lui avons acheté son brevet pour la France, et
« *nous nous sommes décidés, à nos risques et périls, sans attendre le décret, malgré nos*
« *occupations excessives,* à organiser en grand l'exploitation de ce procédé, à monter une
« fabrique de ces allumettes, et à faire jouir ainsi le public de cette favorable innovation.

« *En nous risquant ainsi,* nous avons compté sur le bon sens du public, etc.....

« *Avant huit jours* des allumettes d'après ce système seront mises en vente..... »

MM. Coignet père et fils comptaient donc bien sur un achat de leur procédé par le Gouvernement, comme le bruit en a été répandu dans le commerce, puisqu'ils croyent courir de grands risques et font sonner si haut *leurs occupations excessives* au moment où ils annoncent *qu'ils se sont décidés, à leurs risques et périls, et sans attendre le décret,* à organiser en grand l'exploitation d'un procédé *dont ils sont acquéreurs.* Ils se croyaient donc bien assurés de ne pas être obligés de faire eux-mêmes cette exploitation.

Mais pour qu'il y ait lieu, de la part du Gouvernement, de faire l'acquisition d'un brevet, celle spécialement du brevet Lundstrom-Coignet, il faut que ce brevet réunisse deux conditions indispensables, sans lesquelles cette acquisition serait absolument sans but comme sans résultat utile.

Il faut : 1° que le brevet en question soit, au point de vue légal, un brevet constituant réellement un droit privatif en faveur de ses propriétaires ;

2° Que le procédé formant l'essence de ce brevet offre une solution bien complète et bien satisfaisante des difficultés soulevées à propos de la fabrication des allumettes chimiques, aux divers point de vue de la santé des ouvriers, de la sécurité publique et de la commodité des consommateurs.

Examinons ces deux questions.

Première question. — Le brevet Lundstrom-Coignet constitue-t-il un droit privatif sérieux en faveur de ses propriétaires.

On comprend parfaitement que le Gouvernement n'aurait aucun intérêt à faire une dépense, quelle qu'elle fût, pour acheter un procédé qui serait déjà dans le domaine public. Or, c'est précisément ce qui existe pour le procédé Lundstrom-Coignet.

M. Stas, professeur de chimie à l'école militaire de Belgique, Membre de la classe des sciences de l'académie royale du même pays, l'un des membres du jury international de l'Exposition universelle de 1855, pour la dixième classe, chargé de la partie relative aux allumettes chimiques, donne sur cette industrie de précieux renseignements auxquels j'ai déjà fait et je ferai ultérieurement encore de nombreux emprunts.

Voici en résumé ce qu'il nous apprend en ce qui concerne la question dont je m'occupe en ce moment.

C'est en 1848, à Francfort-sur-le-Mein, et par les soins du docteur Boettger, que fut découvert et expérimenté pour la première fois le procédé consistant à mettre le chlorate de potasse sur les allumettes et le phosphore rouge dans la surface de frottement, de telle manière qu'il n'y ait contact des deux substances dangereuses que pour une seule allumette à la fois, et seulement au moment où l'on veut se procurer du feu.

M. Stas constate, il est vrai que, pendant plusieurs années, l'idée et le procédé de M. Boettger furent tenus secrets ; mais il constate aussi : 1° que, dès 1854, M. J. Preshel fabriquait publiquement à Vienne, d'après ce procédé ; 2° que, peu après, M. Bernard Fürth, de Schüttenhofen (Bohême), obtint du docteur Boettger (6 février 1855) le droit de fabrication pour les États autrichiens exclusivement ; 3° que, dès avant l'ouverture de l'Exposition universelle à Paris, il était de notoriété publique à Vienne, que la fabrication Preshel et la fabrication Bernard Fürth étaient faites conformément aux indications données par le docteur Boettger. (Déclaration faite au jury de la dixième classe par M. Seybel, de Vienne, membre aussi du jury pour cette même classe).

Or, ni M. Boettger l'inventeur primitif, ni M. Preshel, ni M. Bernard Fürth n'ont pris de brevet en France pour la fabrication des allumettes dites de sûreté, contenant le chlorate sur l'allumette et destinées à être frottées sur une surface contenant du phosphore rouge.

Je vais plus loin et je dis que ces Messieurs n'auraient pas pu légalement, s'ils l'eussent voulu, prendre un brevet en France au moment de l'Exposition universelle. En effet, à cette époque, il y avait déjà sept ans que le procédé avait été inventé par le docteur Boettger à Francfort-sur-le-Mein : il y avait, ce qui est plus grave, une année entière que M. Preshel l'employait ostensiblement dans sa fabrique, à Vienne, et son établissement qui est considérable envoie des produits sur tous les points du globe. M. Preshel occupe 1,200 ouvriers, il fabrique annuellement 5,350,000 boîtes de 50 paquets de chacun cent allumettes, ce qui forme le chiffre énorme de vingt-sept milliards jeté chaque année dans le commerce. Après un an d'une si large fabrication, après une si énorme diffusion de produits dont une partie notable se composait d'allumettes dites de sûreté, dans lesquelles il était impossible de dissimuler le principe de la séparation, ni M. Preshel, ni le docteur Boettger ne pouvaient pas évidemment prendre un brevet en France.

Quant à M. Bernard Fürth qui n'avait de cession que pour les États autrichiens, il était à double titre, sans droit ni qualité pour prendre un brevet en France.

Mais ces trois Messieurs n'ont d'ailleurs fait aucune tentative pour obtenir un brevet français. Leurs produits exposés dans le palais de l'industrie en 1855, sont donc, sans aucune espèce de doute, tombés pour la France dans le domaine public.

Mais n'y a-t-il pas lieu de décider autrement pour M. Lundstrom qui a pris, dès le 25 juin 1855, un certificat de garantie de la commission impériale et qui a, conformément à la loi, réclamé un brevet d'invention du Gouvernement français le 14 avril 1856 ?... nullement.

M. Lundstrom a déclaré lui-même au jury que les allumettes de ce système étaient fabriquées dans son établissement de Jönköping *deux ans et demi* avant la date de sa lettre (3 septembre 1855) ce qui reporte l'origine de cette fabrication *en mars 1853*. Cette fabrique produit *quotidiennement*, dit le rapport de M. Stas, *huit millions d'allumettes* dont la plus grande partie s'exporte. L'application du principe de séparation du phosphore et du chlorate est une disposition qui, comme je l'ai déjà dit, ne peut être dissimulée à la vue du consommateur, comme pourrait l'être une modification dans les doses ou dans la nature des matières. M. Lundstrom ne pouvait donc valablement réclamer en France un brevet d'invention *après deux années de fabrication et de vente publique* antérieurement à l'ouverture de l'Exposition universelle. Son brevet est donc sans valeur, comme l'eussent été ceux qu'auraient pu prendre MM. Preshel, Bernard Fürth et Boettger.

Mais, en somme, il est à peu près sans intérêt de discuter ici la valeur légale du brevet Lundstrom en lui-même. M. Lundstrom ne fait-il pas remarquer que le *dosage des matières n'a rien d'absolu* dans ses compositions, soit d'allumettes, soit de surface de frottement? ce ne sont donc pas ses compositions qu'il fait breveter, d'autant moins que les matières employées par lui sont depuis longtemps dans le domaine public pour la fabrication des allumettes. Son brevet ne saurait donc porter que sur le principe de l'emploi séparé du phosphore rouge et du chlorate, et c'est aussi dans ces termes que le restreint le certificat d'addition réclamé le 8 avril 1857 par MM. Coignet père et fils, ses *cessionnaires*. Eh bien! qu'importe que M. Lundstrom puisse être jugé, avoir assez bien gardé son secret en ce qui le concerne personnellement pour s'être trouvé en mesure de prendre valablement un brevet en France, si le principe même sur lequel repose ce brevet, la disposition qui en fait l'essence ont été divulgués et mis dans le domaine public par d'autres que par lui?

C'est précisément cette divulgation qui a eu lieu par le fait de la présence, au palais de l'industrie en 1855, des allumettes fabriquées d'après le même principe par MM. Preshel, Boettger et Bernard Fürth, lesquels, après avoir exposé publiquement ces allumettes, n'ont pris aucune mesure pour s'en assurer la propriété privative.

Et il n'est pas sans intérêt de faire remarquer ici que cette divulgation du procédé Lundstrom a eu lieu, non par suite d'une soustraction frauduleuse, ou de quelque abus de confiance, ce qui n'empêcherait pas qu'elle fut valable pour le public français, mais par le fait volontaire de ceux qui étaient eux-mêmes propriétaires de ce procédé, à un titre aussi légitime que M. Lundstrom.

Le procédé, le système, le principe, comme on voudra l'appeler, de séparation du phosphore rouge et du chlorate dans la préparation des allumettes, est donc aujourd'hui, dans le domaine public, du fait de tous les fabricants allemands, y compris M. Lundstrom lui-même, qui évidemment a été mal informé des conditions de notre législation au moment où il a pris son brevet; mais au moins sans aucune contestation possible du fait de MM. Preshel, docteur Boettger et Bernard Fürth qui n'ont rien fait, ni directement ni indirectement, pour empêcher le public français d'acquérir le droit de fabriquer des allumettes semblables aux leurs.

Voudrait-on faire valoir le brevet pris par MM. Coignet père et fils, en leur nom personnel, le 6 août 1855, pour un procédé spécial de fabrication des allumettes au phosphore rouge reposant sur le même principe de séparation du phosphore et du chlorate ? Voici à cet égard les renseignements que nous fournit M. Stas dans son rapport : (page 515, note).

« Quant au brevet de MM. Coignet père et fils (celui du 6 août 1855, le seul connu à
« l'Exposition)...... nous répéterons seulement ce que nous avons déjà dit, qu'à la date du
« 6 août, époque de la concession de ce brevet, *l'existence du système spécial d'allumettes*
« *à l'Exposition était un fait publiquement connu*; que, ce système avait déjà été apprécié
« par le jury ; nous ajouterons que, dans la brochure que MM. Coignet père et fils ont
« adressée au jury pour faire connaître leur fabrication, il n'est nullement question du sys-
« tème spécial d'allumettes, mais bien d'allumettes au phosphore rouge, confectionnées
« par M. Camaille, fabricant, rue de Bondy, 70, à Paris, et dans lesquelles, nous nous en
« sommes assurés, le phosphore rouge et le chlorate de potasse sont associés dans le
« mastic même. Ce genre d'allumettes est connu depuis 1847, et nous avons signalé plus
« haut le danger extrême qu'elles présentent dans leur emploi. »

Le brevet de MM. Coignet, du 6 août 1855, serait donc lui-même sans valeur eu égard à la publicité antérieure du procédé Boettger, Preshel et Bernard Fürth, et il révèle d'ailleurs dans les impétrants une extrême inexpérience de la matière.

Ils indiquent, en effet, comme corps oxygénés à mettre en contact avec le phosphore rouge, les nitrates de plomb et de potasse, devant être, pour ce cas, équivalents du chlorate de potasse. Or, la difficulté de l'emploi du phosphore rouge vient surtout de ce que les nitrates ne peuvent suffire pour l'enflammer, et que, par suite, le chlorate est le seul corps auquel on puisse avoir recours, lequel, d'un autre côté, présente un immense danger par sa propriété explosive au suprême degré, accrue encore par la présence du phosphore rouge.

D'un autre côté, ces messieurs indiquent la surface de frottement comme pouvant être placée indifféremment à la partie *interne* des boîtes, ce qui mettrait en contact continuel et en état de frottement perpétuel le phosphore rouge et le chlorate, de telle sorte qu'une pareille boîte ne pourrait pas subir le moindre mouvement sans éclater instantanément avec violence.

On pourrait soulever les mêmes objections contre le brevet pris par ces messieurs le 14 août 1856, consistant à faire deux pâtes séparées, l'une au phosphore, l'autre au chlorate, et à tremper les allumettes dans les deux pâtes successivement.

Au point de vue légal, ce genre d'allumettes parait être celui qui fut soumis au Jury en 1855 par MM. Coignet père et fils, au moyen d'échantillons fabriqués par M. Camaille ; le brevet pris en 1856 serait donc tardif.

Au point de vue pratique, ce procédé n'aurait pas plus de valeur que celui qui consistait à associer le chlorate et le phosphore rouge dans la même pâte. Ce n'est pas, en effet, eu égard à la fabrication, mais eu égard à l'usage et à la sécurité du consommateur que M. Stas a, à plusieurs reprises, et notamment dans la note qui vient d'être transcrite, proscrit énergiquement les allumettes contenant les deux substances réunies. Or, bien que superposées l'une après l'autre, elles ne se trouvent pas moins réunies dans la même allumette, en suivant les prescriptions du brevet du 14 août 1856, et le danger serait le même.

Les brevets Coignet, des 6 août 1855 et 14 août 1856, sont donc tout à la fois inexécutables et sans valeur légale, et c'est vraisemblablement parce que MM. Coignet père et fils ont été convaincus de tout cela qu'ils ont cru devoir traiter avec M. Lundstrom dont le procédé est véritablement praticable.

Le Gouvernement français n'aurait donc aujourd'hui aucun avantage à traiter, soit du brevet Lundstrom, relatif à un procédé que tout le monde est, dès ce moment, libre de mettre en pratique au point de vue légal, soit d'aucun des autres brevets de MM. Coignet père et fils.

Deuxième question.—Le procédé qui fait la base du brevet Lundstrom-Coignet offre-t-il une solution bien complète, bien satisfaisante des difficultés soulevées à propos de la fabrication des allumettes chimiques, au point de vue de la santé des ouvriers, de la sécurité publique et de la commodité des consommateurs.

Si le Gouvernement français ne peut plus avoir la pensée d'acheter le procédé Lundstrom-Coignet, que je dois à l'avenir désigner sous le nom plus général et plus vrai de *nouveau procédé allemand*, il pourrait toutefois se porter à en prescrire l'emploi exclusif dans la fabrication française, si ce procédé lui paraissait de nature à atteindre *certainement* le but élevé d'intérêt public qu'il a en vue dans cette affaire. Il est donc toujours important d'examiner cette question.

M. Stas, le savant rapporteur du Jury international, qui a abordé dans cet important travail, et avec une grande hauteur de vues, toutes les questions relatives à la fabrication des allumettes chimiques, s'exprime ainsi, non en son nom personnel, mais *au nom du Jury*, sur la question qui m'occupe.

« Existe-t-il (page 514) un moyen de se procurer facilement du feu et de la *lumière ?*
« Et ce moyen n'expose-t-il pas la santé de l'ouvrier ? Ne peut-il donner lieu ni à des
« incendies, ni à un empoisonnement, soit accidentel, soit criminel ? *En principe, tous*
« les membres ont été d'accord sur son existence ; *mais la question de l'application n'a*
« *pas paru à tous entièrement résolue.* . . . .

« (Page 515) Toutes les objections faites contre l'emploi des allumettes phosphoriques
« ordinaires tombent devant ce système. . . . . . Le nom d'*allumettes de sûreté* ou de
« *briquet de sûreté*, qu'on leur a donné, est parfaitement applicable. . . . .

« . . . . *Au point de vue théorique absolu*, le problème est résolu. La substitution du
« phosphore rouge, inaltérable dans les conditions ordinaires, non vénéneux, au phos-
« phore ordinaire, spontanément inflammable, vénéneux, *est un fait désormais possible*,
« et on peut affirmer que, *dans un avenir peu éloigné de nous*, ce corps remplacera le
« phosphore ordinaire dans la fabrication des allumettes chimiques. *Mais dans le moment*
« *présent, tous les problèmes* que soulève cette substitution *sont-ils suffisamment résolus ?*
« *La composition* à donner à la pâte et au vernis du phosphore rouge *est-elle assez bien*
« *déterminée* pour qu'on puisse immédiatement demander à l'autorité d'exiger cette
« substitution et de proscrire l'emploi du phosphore ordinaire ? *Le Jury n'est certaine-*
« *ment pas de cet avis.* Le remplacement étant possible s'accomplira ; l'intérêt de tous
« y est engagé, et en premier lieu celui des fabricants d'allumettes. *Dans l'opinion du*
« *Jury, décider d'autorité ce remplacement immédiat, c'est s'exposer à d'inévitables*

« ...comptes, à d'*inextricables difficultés*. En définitive, la sécurité n'est pas tellement
« en péril qu'il faille provoquer une mesure qui entame si grandement le grand et fécond
« principe de la liberté de l'exercice de l'industrie, proclamé par Turgot et sanctionné
« par 1789. D'ailleurs, *les industriels eux-mêmes*, qui ont soumis au Jury les échantillons
« d'allumettes de sûreté, *n'avouent-ils pas que cette invention n'est pas encore arrivée à
« l'état pratique ; que les briquets de sûreté ne sont pas encore entrés dans la consomma-
« tion, DANS LE PAYS MÊME OÙ ILS ONT ÉTÉ IMAGINÉS*.

« *Nous croyons donc que l'autorité doit continuer à tolérer la fabrication, la vente et
« l'emploi des allumettes chimiques au phosphore ordinaire*. Mais en attendant que la
« pratique ait fait connaître une bonne méthode de fabrication des briquets de sûreté, et
« qu'ils aient pris la place que l'expérience seule peut leur assigner, l'autorité doit veiller
« à ce que les ateliers dans lesquels on opère. . . . . . *soient convenablement construits
« et ventilés*, afin que les ouvriers soient soustraits aux émanations du phosphore. »

On ne peut être plus net et plus précis que ne l'est le savant rapporteur du Jury. *Au
point de vue théorique, la question est résolue*, suivant lui, *mais elle est encore loin de
l'être au point de vue pratique*.

J'emprunterai aux enseignements de mon expérience toute pratique, acquise par vingt-
six années de travaux continuels, quelques observations qui viendront appuyer l'opinion
émise par M. Stas.

Non, *la question n'est pas résolue au point de vue de la pratique des ateliers*. Car, rien
n'indique qu'on soit parvenu à rendre le chlorate de potasse plus facile et moins dangereux
à manier.

Le chlorate de potasse ne peut être broyé qu'autant qu'il est maintenu dans un état
constant d'humidité ; et si, pendant le travail, quelques parcelles séchées sur le bord du
marbre, à l'insu du broyeur, viennent à être atteintes par la molette, alors il se produit
une explosion terrible qui fait déflagrer violemment, non-seulement les parcelles dessé-
chées, mais encore toute la masse qui était en préparation ; la communication du feu se
produisant dans cette substance avec l'instantanéité de l'étincelle électrique. Ainsi, pour
essayer de soustraire les ouvriers aux dangers des maladies graves, mais lentes, que
peuvent leur causer les émanations de phosphore *dans les ateliers mal ventilés*, on les
placerait sous la menace incessante d'une explosion capable, non-seulement de tuer en
une seconde l'ouvrier broyeur, mais de faire en même temps sauter l'atelier tout entier,
et parfois même les maisons voisines. Quiconque a eu l'occasion d'employer des ouvriers,
sait par expérience, combien ils sont imprudents, rétifs aux avertissements les plus
sages, et ennemis des précautions les plus vulgaires. Il faut donc y regarder de bien
près avant de se déterminer à leur mettre aux mains une substance d'une manipulation
aussi périlleuse.

Le danger de la préparation du chlorate de potasse est tel que beaucoup de fabricants
cesseraient probablement leur fabrication plutôt que de revenir à son emploi, et je serais
vraisemblablement de ce nombre, moi qui ai, pendant douze années, fait usage de cette
substance, dans un temps où il était absolument impossible de faire autrement.

Je puis rappeler ici un exemple mémorable du danger que présente la fabrication des
allumettes au chlorate. L'évènement est encore présent aux souvenirs de tous les habi-
tants de Belleville.

Dans le mois de juillet 1843, une explosion terrible mit tout le monde en émoi dans la
commune. C'était la fabrique de M. Lacourselle, située rue des Alouettes, qui venait de
sauter. Le contre-maître Couindé fut tué sur le coup ; un ouvrier, nommé Honoré, eut

plusieurs côtes enfoncées et mourut à l'hôpital Saint-Louis une huitaine de jours après; un vieil allemand, qui était venu pour voir deux de ses enfants employés dans la fabrique, eut une cuisse cassée; six ou sept autres ouvriers ou enfants furent plus ou moins grièvement blessés.

La question pratique n'est pas davantage résolue au point de vue du consommateur. Au moment où j'écris ce mémoire, j'ai dans les mains une boîte d'allumettes de sûreté de la fabrication de MM. Coignet père et fils. La régularité des allumettes et la parfaite égalité des têtes garnies de la pâte chloratée, indiquent une fabrication très soignée, on pourrait même dire exceptionnelle, et qui certainement ne saurait se maintenir en grand avec cette exactitude. Le frottement le plus violent sur une surface non phosphorée ne fait ni détonner, ni enflammer les allumettes. D'un autre côté, l'enduit phosphoré, qui est placé sur le côté extérieur de la boîte, est certainement réduit à sa plus simple expression, puisqu'il consiste en ce qu'on pourrait appeler un simple coloriage, sans épaisseur appréciable. Eh bien, malgré toutes ces circonstances favorables, il faut que l'allumette effleure à peine la surface phosphorée si l'on veut qu'elle s'allume sans bruit et sans détonation. Pour peu que le frottement soit un peu énergique, la déflagration se produit avec violence et crache au loin ces parcelles de matières enflammées qui menacent les mains, le visage, les yeux surtout du consommateur, et qui ont fait rejeter sans hésitation les allumettes congrèves ou électriques, aussitôt que les allumettes phosphorées au nitrate se sont produites.

Enfin, MM. Coignet père et fils n'ont-ils pas eux-mêmes reconnu implicitement l'insuffisance et l'inefficacité, au moins relatives, de ce système d'allumettes, lorsqu'ils ont demandé, le 27 avril 1857, un brevet dans la description duquel ils commencent tout d'abord par proclamer qu'ils n'entendent plus employer de phosphore d'aucune espèce, ni rouge, ni blanc, ni ordinaire, ni amorphe.

Ainsi, point d'avantage, quant à présent, au point de vue du danger des ouvriers et du public dans la substitution des allumettes, dites de sûreté, aux allumettes phosphorées, telles qu'on les fabrique actuellement.

Mais il y aurait dans cette substitution, prononcée législativement, d'autres graves inconvénients, qu'il est indispensable de signaler. Fort peu de fabricants en France sont ou seront en mesure de préparer eux-mêmes les substances nécessaires pour la fabrication de leurs allumettes. Cette préparation exige des connaissances toutes spéciales, des appareils et des dispositions d'ateliers qui sont hors de la portée de la plupart des industriels. Ceux-ci seront donc obligés de demander au commerce leurs matières premières, le chlorate de potasse et le phosphore rouge. Il en résultera qu'ils ne seront jamais certains de la qualité de ces substances, et, par suite, de la bonne fabrication de leurs produits.

Le chlorate de potasse se trouve très rarement pur et bien préparé dans commerce, et il m'est arrivé plus d'une fois d'avoir des quantités importantes d'allumettes impropres à la consommation, par suite de la mauvaise qualité du chlorate qui m'avait été livré.

Quant au phosphore rouge, des difficultés plus grandes encore attendent le fabricant. Ce produit n'est point encore dans le commerce. MM. Coignet père et fils paraissent être les seuls, jusqu'à ce moment, qui se soient occupés en France de sa fabrication et ils refusent d'en vendre, déclarant ne pouvoir produire que ce qu'ils consomment eux-mêmes pour leur fabrique d'allumettes.

La fabrication de cette substance exige des précautions minutieuses pendant une longue série d'opérations diverses toutes dangereuses, et la moindre faute dans l'une de ces opérations rendra le produit mauvais, impropre à la fabrication des allumettes, ou parfois même de nature à leur donner des qualités plus dangereuses.

Le phosphore blanc, pour passer à l'état de phosphore rouge, doit d'abord être maintenu pendant douze à quinze heures à une température de 250 degrés, opération aussi délicate que dangereuse à conduire, et qui se traduira souvent en une préparation incomplète et par conséquent mauvaise.

Puis il faut procéder à la purification, qui se fait au moyen de l'alcali caustique, après quoi on doit recourir à un lavage très soigné suivi d'un séchage parfait. Cette dernière opération surtout est d'une difficulté et d'une gravité extrême, puisque un rayon de soleil, introduit par mégarde dans l'étuve, peut faire sauter toute la matière qui s'y trouve.

Or, si une seule de ces opérations a été faite avec moins de soins et d'attention qu'il n'était nécessaire, le produit sera manqué et mauvais.

Il faut donc s'attendre à trouver rarement bonne, dans le commerce, une substance aussi difficile à fabriquer, lorsque le commerce se sera mis à la produire. Mais ce moment n'est pas encore arrivé, et l'on peut dire qu'aujourd'hui *le phosphore rouge n'existe pas pour les fabricants d'allumettes.*

Si donc il pouvait se faire que, nonobstant l'opinion si nette et si précise du Jury de l'Exposition universelle, le Gouvernement se portât à défendre législativement la fabrication des allumettes phosphorées actuelles, ne laissant libre que celle des nouvelles allumettes allemandes, le Gouvernement arriverait à interdire absolument, pendant un temps assez long, toute espèce de fabrication pour les fabricants autres que MM. Coignet père et fils, puisque la faculté qui appartient à tous d'employer le procédé allemand, se trouverait complètement paralysée en fait pour des gens qui ne pourraient se procurer les matières indispensables de cette fabrication.

M. Stas a donc eu grandement raison de dire, au nom du Jury international, que « *la question de préférence et de substitution des allumettes dites de sûreté aux allumettes phosphoriques était bien loin d'être encore résolue* AU POINT DE VUE DE LA PRATIQUE. »

DEUXIÈME HYPOTHÈSE.

PROSCRIPTION DE TOUT SYSTÈME D'ALLUMETTES CHIMIQUES CONTENANT UNE SORTE QUELCONQUE DE PHOSPHORE, SOIT ROUGE, SOIT BLANC.

Dans un prospectus imprimé à grand nombre d'exemplaires, pour appeler le public à la constitution de la Société qu'il fonde, M. Canouil tire grand avantage, en faveur de son système, d'une lettre que vous avez bien voulu, Monsieur le Ministre, lui écrire le 29 août de cette année, pour lui annoncer que le rapport à vous adressé par le comité consultatif d'hygiène publique, sur les allumettes de M. Canouil, se termine par les conclusions suivantes :

« 1° Les faits annoncés par le sieur Canouil sont exacts.

« 2° Les procédés de fabrication qu'il met en usage, quoique encore susceptibles de perfectionnements, donnent cependant des résultats satisfaisants au point de vue de la qualité des produits, de la santé des ouvriers et de la sécurité contre les empoisonnements. »

M. Canouil annonce qu'il a opéré, dans son brevet du 7 octobre 1857, les perfectionnements demandés par le comité consultatif, d'où suit, selon lui, que ses allumettes sont aujourd'hui parfaites.

« Aucun système de fabrication, dit-il, ne peut susciter une concurrence sérieuse à celui de M. Canouil. En effet, *nul jusqu'ici n'a pu supprimer l'emploi du phosphore.* Les procédés les plus heureux ne sont parvenus qu'à faire passer le phosphore de l'allumette sur le gratin. Mais le phosphore rouge a le tort de coûter 20 francs le kilo-

« gramme, ce qui produit un prix de revient très élevé. D'autre part, le moindre contact
« de l'allumette avec le gratin phosphoré fait éclater le feu et crée des dangers perma-
« nents d'incendie.

« En présence de cette précieuse découverte (celle des allumettes Canouil), peut-on
« s'étonner qu'il *soit question dans les conseils du Gouvernement* d'interdire l'emploi du
« phosphore blanc » (il faut ajouter ici : *et rouge*, sans quoi ce qui suit n'aurait pas de
sens), « de sorte que, dans l'intérêt des populations et de la classe ouvrière, les *fabricants*
« d'allumettes ne devraient à l'avenir employer *que deux moyens de fabrication*.

« 1° Les allumettes *sans phosphore* prenant feu sur tout corps rugueux.

« 2° Les allumettes *sans phosphore* ne prenant feu que sur un gratin spécial, aussi
« *sans phosphore.* »

Ce qui revient à dire que tout procédé autre que celui de M. Canouil serait formelle-
ment interdit.

Dans la conversation, les personnes qui s'occupent avec lui de l'*organisation de sa
société* vont plus loin encore. Elles affirment nettement que déjà depuis longtemps, le
décret proscrivant toutes les allumettes au phosphore est tout préparé dans vos cartons,
Monsieur le Ministre, et qu'il allait être présenté par vous à la signature de Sa Majesté
l'Empereur, lorsque vous auriez été arrêté subitement par la crainte que la fabrication
nouvelle ne fût pas en mesure de répondre aux besoins de la consommation. Aussi, pour
faire cesser cette crainte, et permettre à Votre Excellence de ne pas garder plus longtemps inutile cet important décret, M. Canouil s'empresse-t-il de dire, dans son prospectus : « *La possibilité de suffire à cette consommation par la fabrication des allumettes
sans phosphore sera réalisée dans un court délai par la constitution de notre société.* » La
société Canouil est fondée à un capital de *deux cent mille francs*, bien modeste, il me
paraît, pour faire face à une production annuelle que M. Canouil évalue quelques lignes
plus haut à *quatorze millions au moins.*

Il y a là encore, Monsieur le Ministre, toute une série d'allégations dont je suis loin de
vouloir faire remonter la moindre part jusqu'à Votre Excellence ; mais comme elles se
répandent dans le public avec force commentaires et enjolivements, les prétentions de
M. Canouil n'en doivent pas moins être discutées.

Si M. Canouil est sincère, il faut qu'il soit fort peu au courant des faits qui constituent
l'histoire des allumettes chimiques ; il se trompe surtout étrangement lorsqu'il affirme
que « *nul jusqu'à lui n'a pu supprimer l'emploi du phosphore.* »

En vous reportant, Monsieur le Ministre, à la série des procédés de fabrication des
allumettes chimiques, que j'ai rangés par ordre de date dans la première partie de le
mémoire, vous pourrez remarquer : 1° qu'en 1832, la fabrique viennoise préparait, sous le
nom d'*allumettes congrèves*, des allumettes dans lesquelles il n'entrait pas de phosphore, et
qui s'allumaient par frottement ; 2° que moi-même en 1833, je prenais un brevet pour des
allumettes d'une fabrication à peu près identique, s'enflammant de la même manière, et
que j'avais nommées allumettes électriques. Mais vous pourrez remarquer encore quelque
chose de plus, Monsieur le Ministre, c'est que la composition des allumettes Canouil, telle
qu'elle est contenue en son brevet du 26 mars 1857, ressemble beaucoup aux allumettes
congrèves faites à Vienne en 1832 et aux allumettes électriques faites par moi en 1833.

On trouve, en effet, des deux parts, le chlorate de potasse, qui seulement se trouve
en quantité presque double dans l'allumette Canouil, ce qui n'est pas de nature à lui concilier la faveur des ouvriers ; puis, le pyrite de fer, que l'auteur déclare lui-même n'être
que l'équivalent du sulfure d'antimoine, de mercure ou d'autres substances sulfurées.

Le bioxyde de plomb qu'il ajoute à la composition est une substance comburante du genre du chlorate de potasse, produisant le même effet que cette substance, et qui a été depuis longtemps employée dans d'autres compositions d'allumettes pour remplacer en tout ou en partie le chlorate de potasse ; comme cela a eu lieu notamment dans les allumettes d'Octave Trevany, de 1835, où nous voyons une partie du chlorate de potasse remplacée par du minium et du péroxyde de manganèse, substances analogues au péroxyde de plomb, et le phosphore, déjà en usage alors, remplacé par le sulfure d'antimoine, ce qui donne, sauf les dosages qui ne sont pas indiqués pour Octave Trevany, une composition tout-à-fait identique avec celle du brevet Canouil, de 1857. Mais nous avons vu que les dosages en ces matières n'ont rien d'absolu, et l'on peut s'assurer, en parcourant la liste nombreuse des compositions avec dosages que contient ce mémoire, que de bons fabricants ont fait de bons produits avec des dosages très différents.

En somme, il résulte de ce qui précède que l'allumette Canouil, de 1857, n'est autre chose qu'une résurrection mal dissimulée de l'allumette congrève de 1832, de mon allumette électrique de 1833, et enfin de l'allumette Trévany de 1835.

Au point de vue du droit, la valeur de cette prétendue invention est jugée par ce qui précède. Il est évident que le brevet Canouil ne saurait arrêter quiconque croirait avoir intérêt à réveiller ce vieux procédé.

Au point de vue économique, je puis argumenter de l'opinion émise par M. Stas sur les allumettes congrèves de 1832. (Rapport du Jury, page 509.)

« Par la pression et le frottement énergique qu'exigeait ce mélange pour prendre feu, on « le détachait souvent du bois, aussi renonça-t-on bientôt à l'emploi de ces allumettes. »

M. Stas oublie ici de dire que parfois le détachement de la matière inflammable n'avait lieu qu'après son inflammation, et que cette allumette se trouvait réaliser ainsi les inconvénients des allumettes au phosphore et au chlorate. « Mais, continue M. Stas, le principe « sur lequel repose cet emploi était excellent. Pour le rendre pratique, il suffisait de « trouver un combustible à mettre à la place du sulfure d'antimoine, dont le soufre et le « métal, pour brûler dans]l'oxygène du chlorate de potasse, exigent une température trop « élevée, et par conséquent un frottement trop énergique pour développer cette tempé-« rature ; ce combustible, on le trouva dans le phosphore ordinaire ; c'est là l'origine des « allumettes phosphoriques. » Ce qui revient à dire que pour rendre bonnes les allumettes Canouil, il faut leur faire subir les transformations qu'ont subies les allumettes *congrèves* ou *électriques;* c'est-à-dire remplacer d'abord le sulfure par du phosphore, puis le chlorate par du nitrate, ce qui nous ramènera à l'allumette phosphorée actuelle, laquelle n'est pas autrement composée.

En somme, la composition présentée par M. Canouil, en 1857, comme une nouveauté, n'est autre chose qu'une vieillerie datant de 1832-33-35, et repoussée bientôt alors par la consommation.

Ajoutons qu'elle aurait, au point de vue de l'emploi du chlorate, les mêmes inconvénients de fabrication que j'ai signalés plus haut pour l'allumette allemande destinée à être frottée sur une surface au phosphore rouge.

Là encore point de nouveauté à acheter pour un procédé dont les analogues sont depuis vingt ans dans le domaine public, rien qui soit de nature à répondre aux besoins du consommateur, qui a déjà depuis longtemps rejeté ce produit comme insuffisant et dangereux.

Quant au procédé si haut vanté dans le prospectus Canouil, et par lequel il met, dit-il, ses allumettes hors de l'usage des enfants, il consiste tout uniment dans une véritable naïveté; c'est-à-dire qu'il y fait entrer moins de matière combustible, ou des substances moins combustibles, de sorte que, pour les enflammer, il faut *frotter très fort, plus fort que ne le peut faire un enfant.* C'est là un avantage tout-à-fait négatif que le consommateur n'acceptera pas plus en ce moment qu'il ne l'a voulu accepter en 1832-35, et dont j'ai reproduit, d'après M. Stas, les graves inconvénients.

En ce qui concerne le certificat d'addition du 7 octobre 1857, qui indique les cyanures métalliques comme pouvant remplacer *facultativement* les sulfures, il paraît avoir fort peu d'importance, d'après les termes mêmes dans lesquels ce remplacement est énoncé ; en aura-t-il davantage dans la pratique, cela paraît peu probable, mais c'est un point sur lequel l'expérience seule peut prononcer définitivement.

Il est vrai, comme le porte l'avis du conseil d'hygiène, que ce genre d'allumettes ne paraît pas présenter de danger d'empoisonnement ni pour les ouvriers ni pour le public.

Mais vous ne perdrez pas de vue, Monsieur le Ministre, que ce danger fort peu sérieux, ainsi que je le prouverai bientôt, est ici remplacé par celui des explosions, dont l'importance est beaucoup plus considérable.

Y a-t-il quelque chose de meilleur, dans les procédés brevetés postérieurement à ceux que je viens d'analyser? Il est facile de prouver que non.

Le brevet Coignet père et fils, du 27 avril 1857, qui se fait gloire de repousser toute espèce de phosphore, soit rouge, soit blanc, paraît avoir eu pour objet d'absorber au profit des impétrants toutes les sortes possibles de substances de nature à entrer dans la fabrication des allumettes chimiques ; il n'aboutit, en définitive, qu'à reproduire avec une légère différence dans le dosage, le brevet Canouil du 26 mars de la même année, et par suite les procédés *congrèves ou électriques* de 1832-35, enterrés depuis vingt ans.

Il en faut dire autant du brevet Hochstaetter, du 29 avril 1857, qui ne nous offre encore qu'une nouvelle édition des mêmes allumettes.

Enfin le brevet Deffaux, du 22 juillet 1857, qui se retranche sur *la petite quantité, non précisée,* du phosphore rouge et du chlorate de potasse qu'il emploie, rentre dans les procédés pratiqués à Vienne par M. J. Preshel, en 1848, et par MM. Coignet et Camaille, à Paris, en 1855. Il est par cela même jugé au point de vue du consommateur. Il l'est surtout au point de vue de la fabrication. Car, si petite que soit la quantité de matière explosive mise au bout de chaque allumette, il n'en faudra pas moins avoir une grande quantité de ces matières en préparation dans les ateliers, ce qui créera d'immenses dangers, à peu près impossibles à conjurer.

En résumé, Monsieur le Ministre, il n'y a, ni dans le procédé Lundstrom-Coignet, ni dans le procédé Canouil, ni dans aucun des autres, rien qui puisse motiver, de la part du Gouvernement, une préférence sérieuse en faveur de l'un d'eux sur les allumettes phosphorées, telles qu'elles sont aujourd'hui fabriquées dans les bonnes maisons, et, j'oserai le dire, Monsieur le Ministre, notamment dans la mienne.

Mais ici je vois s'élever contre moi les *nombreux et graves* reproches formulés de tous côtés contre les allumettes phosphorées!.... Permettez-moi, Monsieur le Ministre, d'examiner rapidement ces divers reproches avec le calme de la raison, sans autre passion que l'amour de la vérité, et j'ose espérer que vous reconnaîtrez que ces griefs ont été considérablement exagérés, et que cette fabrication a été étrangement calomniée.

Deuxième Section. — LES DANGERS DES ALLUMETTES PHOSPHORIQUES SONT-ILS AUSSI GRAVES QU'ON LE DIT?

J'ai dû en commençant, Monsieur le Ministre, signaler à votre attention les publications menaçantes contre mon industrie et celle de mes confrères, faites dans plusieurs journaux de Paris. C'est ici le lieu d'en reproduire quelques fragments qui, d'une part, justifieront que je n'ai rien dit de trop en parlant de la vivacité de leurs attaques, qui, d'une autre part, en précisant la plupart des reproches qu'on nous adresse, m'indiqueront les arguments que j'ai à réfuter.

J'ai sous les yeux plusieurs de ces journaux et je lis dans l'un que : « Les allumettes phosphorées constituent un poison d'autant plus redoutable que *sa présence est très difficile à constater dans nos organes, et qu'on ne connaît encore aucun antidote contre ses effets.* De là un danger constant pour les familles, l'imprudence des enfants ou des vues criminelles ayant toujours sous la main *les instruments d'une mort prompte et certaine......* On se rappelle que tout récemment Mme de Fitz-James a été brûlée vive, parce qu'elle avait *écrasé du pied une allumette chimique en se promenant dans son jardin.*

« Un honorable lieutenant du corps des sapeurs-pompiers de la ville de Paris assure que *les neuf dixièmes des incendies* ne reconnaissent que *deux causes :* 1° les allumettes chimiques ; 2° le cigare. »

Dans un autre journal on lit que : « Les propriétés vénéneuses du phosphore, sévissant sur les ouvriers qui le manient, *les exposent à des caries, à des nécroses et les conduisent* INFAILLIBLEMENT *à une mort prématurée.* Aussi la fabrication des allumettes chimiques est-elle *marquée en noir* parmi les arts insalubres. »

Un troisième nous fait un tableau véritablement effrayant de tous les maux dont l'humanité est accablée par la fabrication des allumettes chimiques. Il nous fait successivement passer en revue, sous les couleurs les plus fantastiques, « cette dame qui, en faisant un tour de promenade dans son jardin, marche sur un fragment de bois imperceptible, et est à l'instant brûlée vive....

« Un homme fatigué qui s'assied brusquement et se trouve aussitôt enveloppé d'une bouffée de flamme qui *dévore en un instant* ses vêtements et ses chairs. ...

« Des jeunes filles qui, en valsant, mettent le pied sur *quelque chose échappé des mains d'un fumeur,* et voient aussitôt un jet de flamme les poursuivre et leur arracher aux unes la beauté, aux autres la vie. ...

« Un convoi chargé de voyageurs, un navire emportant une foule d'émigrants, voyant, après cinquante kilomètres de marche à peine, se déclarer, dans les bagages, *un incendie qui dévore bientôt marchandises, hommes, wagons et navire.*

« Des centaines de maisons, de fermes et de meules de blé, des milliers de ménages, devenant la proie des flammes à toute heure de la nuit et du jour....

« Une personne, sur vingt que l'on pourrait citer, mourant inopinément, *à la suite d'un repas,* et dans le corps de laquelle on retrouve *les traces des ravages du phosphore et les débris d'une certaine quantité de la pâte inflammable des allumettes.....* » Ce qui, par parenthèse, s'accorde peu avec cette autre assertion que : « *La présence du phosphore est très difficile à constater dans nos organes.... »* Après quoi l'écrivain conclut que « avec les allumettes chimiques au phosphore blanc, si prodigieusement répandues en tous lieux, on ne peut, à la rigueur, ni voyager, ni danser, ni se promener, ni s'asseoir, ni manger, ni même dormir, sans courir le risque de se trouver inopinément en proie aux horreurs de l'incendie, du poison ou de la mort...... »

Presque tous enfin ont reproduit, avec circonstances détaillées, un événement des plus dramatiques arrivé dans je ne sais plus quelle ville de France.

Une femme tenant un café sert deux demi-tasses à deux clients qui, au bout de quelques instants, sont pris de violentes coliques et tombent morts avant qu'on ait eu le temps d'appeler un médecin. La maîtresse de la maison veut prouver que son café n'est point la cause du malheur qui vient d'arriver, elle en avale elle-même une tasse, et tombe morte au bout de quelques minutes sur le corps de ses deux clients.

Les assistants veulent, on le comprend, savoir ce que recèle cette terrible cafetière ; ils la vident et découvrent au fond *un paquet d'allumettes chimiques.*

Ces faits et d'autres semblables ont figuré fréquemment depuis une époque assez récente dans les divers organes de la presse. Je vais bientôt les examiner en détail, les discuter et les réduire à leur juste valeur ; mais je dois tout d'abord, Monsieur le Ministre, appeler votre attention sur cette circonstance remarquable que c'est surtout et presque exclusivement *depuis le commencement de l'année* 1857 que ces effrayants récits se sont multipliés, comme à plaisir ; tandis qu'auparavant il n'était jamais question de rien de semblable.

Or, si nous rapprochons ce fait de cette circonstance signalée dans ce mémoire que le 10 novembre 1856, MM. Coignet père et fils ont traité du brevet Lundstrom ; si nous remarquons encore que les articles d'une certaine étendue publiés par les journaux, bien que différents les uns des autres par la forme, sont cependant parfaitement semblables pour le fond et pour l'ordre des idées, qu'on y voit en effet figurer *en première ligne les effets désastreux des allumettes phosphorées, puis la découverte du phosphore rouge ou amorphe,* lequel dans la pratique ne réalise pas tout d'abord les espérances qu'il avait fait concevoir, *bientôt après le procédé ingénieux du suédois Lundstrom* (la séparation du chlorate et du phosphore rouge) en passant sous silence les travaux de MM. J. Preshel, docteur Boettger, et Bernard Fürth, et *enfin les perfectionnements remarquables de MM. Coignet père et fils* ; il est bien difficile de ne pas croire que tout cela s'est produit sous l'influence d'une inspiration unique et la même pour tous les écrivains. Aussi trouvons-nous bientôt l'origine et le but tout personnel de ces insinuations dans l'écrit déjà signalé plus haut, adressé par MM. Coignet père et fils, à la société d'encouragement, et dont le texte, vous pourrez le vérifier, Monsieur le Ministre, a fourni évidemment le thème, souvent même les expressions et les phrases des articles publiés par les journaux. Un exemplaire de cet écrit est joint au présent mémoire.

Il devient évident alors que MM. les rédacteurs de journaux, dans l'espoir de voir disparaître des causes de dangers réels que je ne veux pas nier, mais seulement réduire à leur juste valeur, se sont laissé enthousiasmer à l'annonce d'une découverte qui semblait devoir produire un grand bien, et, dans leur empressement à hâter la vulgarisation d'un désirable progrès, sont devenus, à leur insu et certainement contre leur volonté, les complices d'une petite intrigue ayant pour but d'émouvoir et d'impressionner vivement l'opinion publique dans un intérêt tout individuel. La communication à la société d'encouragement et les articles raisonnés des grands journaux ont tous vu le jour dans les quatre premiers mois de l'année 1857.

Cette remarque générale doit tout d'abord, Monsieur le Ministre, vous tenir en garde contre la gravité réelle d'inculpations dont la source vous est ainsi connue. L'examen auquel je vais me livrer achèvera, j'espère, de vous convaincre de l'exagération considérable qui entache toutes ces attaques.

En somme, trois sortes de reproches sont cotés contre l'industrie des allumettes au phosphore blanc :

1° Dangers pour la sûreté des ouvriers, carie des os de la mâchoire, nécroses ;

2° Dangers d'incendie : Incendies des wagons et des navires transportant les colis d'allumettes ; incendies des maisons et granges dans les champs ; incendies dans les villes par les enfants qui se brûlent eux-mêmes ; incendies même dans des jardins, sur des voies publiques, dans des salons, par des allumettes écrasées sous les pieds ;

3° Empoisonnements volontaires ou accidentels.

Premier Grief. — Dangers pour la santé des ouvriers employés à la fabrication des allumettes chimiques au phosphore.

« La fabrication des allumettes chimiques, dit M. Stas, dans le rapport déjà cité (p. 512), *lorsqu'elle est faite sans précautions particulières*, est la cause de maux bien cruels pour certains ouvriers. Ces maux sont dus à la vapeur du phosphore qu'exhale d'une manière continue la pâte inflammable, et cela d'autant plus fortement que la température est plus élevée.

« Cette vapeur du phosphore passe à l'état d'acide phosphorique qui, restant suspendu dans l'air, le rend complétement nuageux et délétère pour les ouvriers. »

Ici vient l'indication de plusieurs travaux de médecine sur les maladies en question.

« Enfin, continue M. Stas, on est aujourd'hui d'accord pour reconnaître que les ouvriers chargés de la préparation de la pâte phosphorée, ceux qui exécutent le chimicage (trempage des allumettes dans la pâte), les femmes qui dégarnissent les presses, et mettent les allumettes en paquets ou en boîtes, sont sujets à *des affections bronchiques, à la carie des dents, au gonflement des os maxillaires, à la nécrose complète de ces os*, et que souvent la mort vient délivrer ces malheureux ouvriers d'une vie misérable. Dans une lettre adressée au président du conseil général de la salubrité publique de la ville de Paris, le docteur Laitler fait connaître que, depuis que les affections des ouvriers des fabriques d'allumettes ont été signalées dans cette ville (16 février 1846, docteur Roussel), trente-sept ouvriers ont été atteints, dont vingt-trois hommes et quatorze femmes : de ces trente-sept ouvriers, le docteur Laitler en a vu vingt-huit et traité dix-neuf ; il possède les os de huit de ces malades ; sur les trente-sept atteints, *cinq sont morts*, c'est-à-dire un septième des malades. *La mortalité des ouvriers autrichiens atteints* a été plus forte encore. » Nota. Il y a dans ce passage quelque erreur typographique ; on ne conçoit pas en effet comment le docteur Laitler, qui n'a traité que dix-neuf ouvriers sur trente-sept atteints, et qui vraisemblablement n'a pas eu toute la mortalité dans sa clientèle, posséderait les *os de huit des trente-sept* ouvriers atteints, tandis que *cinq* seulement sont morts sur la totalité.

Quoi qu'il en soit, on voit que le mal n'est pas dissimulé par M. Stas. Voici maintenant le correctif de cet affligeant tableau :

« P. 513. Les ouvriers ne sont pas tous exposés de la même manière. Ceux qui opèrent la préparation de la pâte et le chimicage sont le plus en danger. ... Les autres y sont infiniment moins sujets. *La malpropreté paraît être une cause prédisposante pour tous.* Les ouvriers atteints de carie des dents sont plus prédisposés que ceux qui ont une denture saine.

« Une ventilation convenable des locaux diminue considérablement les chances qu'ont les travailleurs d'être atteints.

« .... Dès 1847, M. Preshel, de Vienne, a reconstruit son usine *dans l'espoir de soustraire ses ouvriers à ces affections. Le résultat a couronné ses efforts. Les maladies sont devenues tellement rares dans son usine qu'on peut dire que le danger n'existe presque plus.* »

Il est bon de remarquer ici que, dans cette usine, M. Preshel occupe journellement de mille à douze cents ouvriers.

J'ajouterai que dans mes ateliers qui ne contiennent pas, il est vrai, autant d'ouvriers, bien s'en faut, je n'ai jamais vu la moindre trace de l'une de ces graves affections qui atteignent les ouvriers, *lorsque la fabrication n'est pas faite avec des précautions convenables;* et cependant la plupart de mes ouvriers sont dans mes ateliers depuis plus de vingt ans.

Je ferai remarquer encore que le nombre de trente-sept ouvriers atteints de maladies, dont cinq morts, porte sur la totalité des ouvriers employés dans Paris à cette fabrication *pendant l'espace de dix années.* Ce chiffre n'a donc rien de bien effrayant par lui-même et prouve tout ce qu'il y avait d'inconsidéré dans les assertions relevées au commencement de ce paragraphe, et qui nous montrent les propriétés vénéneuses du phosphore *sévissant sur les ouvriers qui le manient....* et les conduisant INFAILLIBLEMENT à *une mort prématurée ;* ce qui fait à bon droit *marquer en noir,* parmi les arts insalubres, la fabrication des allumettes chimiques.

C'est donc avec une haute raison et par une saine appréciation de la question, que M. Stas conclut avec le jury international (p. 513) « que l'interdiction de l'industrie ne « pourrait en tous cas être basée sur les inconvénients que présente la fabrication des « allumettes, *vu qu'il dépend des fabricants de rendre ces opérations beaucoup moins dan-* « *gereuses* que l'exercice d'une foule d'industries que l'on tolère et que l'on encourage « même. »

Mais il ne s'en suit pas que le Gouvernement doive fermer les yeux sur un mal qui est réel, quoique peu grave en fait, et qu'il doive négliger les précautions nécessaires pour le faire disparaître entièrement. Je me joindrai donc, en terminant ce paragraphe, à M. Stas, faisant remarquer que « l'autorité publique tutrice des ouvriers est toujours « libre de fermer les usines dans lesquelles les conditions du travail peuvent compro- « mettre non-seulement la vie, mais la santé des ouvriers. » (p. 514), et je répèterai avec lui cette conclusion générale des observations du jury au point de vue hygiénique : « que « l'autorité doit veiller à ce que les ateliers dans lesquels on opère..... soient *convena-* « *blement construits et ventilés,* afin que les ouvriers soient soustraits aux émanations du « phosphore. » (p. 515).

Deuxième Grief. — Dangers d'incendie.

Les dangers d'incendie se subdivisent en quatre genres que je vais succinctement passer en revue.

Premier Genre. — Incendie des wagons et des navires transportant des colis.

Ceux qui veulent aujourd'hui nous effrayer par ce genre d'incendie font à plaisir de l'histoire ancienne. Ce reproche a été sérieux et fondé lorsqu'on fabriquait l'allumette phosphorée avec le chlorate et le phosphore blanc, c'est-à-dire de 1833 à 1837, pour l'Allemagne, et un peu plus tard, pour la France. Cela tenait au caractère tout spécial du chlorate de potasse.

Cette substance, aussitôt qu'elle est enflammée par une cause ou par un procédé quelconque, a la propriété de détonner avec violence et de propager instantanément au loin le feu et la déflagration, si les substances qu'elle atteint en sont susceptibles. Or, cette propagation se faisant avec la rapidité de l'éclair, il en résulte que quelque limité que fût le point primitif d'inflammation d'un colis d'allumettes au chlorate, la totalité du contenu prenait feu et détonnait en masse au même moment. Aussi est-il vrai de dire qu'à cette époque les commissionnaires de roulage et les capitaines de navires refusaient absolument de transporter de semblables colis et que les compagnies d'assurances refusaient de les assurer.

C'est aussi à cette époque et en raison de ces circonstances que la fabrication, l'introduction et l'usage des allumettes au chlorate et au phosphore, furent interdits dans les États de Bavière, Brunswick, Hanovre et Sardaigne.

Mais cette interdiction juste et raisonnable, au moment où elle était prononcée, a été levée en 1840, lorsque l'expérience eut fait connaître les qualités toutes différentes des allumettes au nitrate et au phosphore, produites pour la première fois à Vienne en 1837, par M. Preshel. Là, en effet, les conditions sont tout autres. L'inflammation est tout aussi facile, tout aussi commode qu'avec les allumettes au chlorate; mais la combustion est lente, sans déflagration, et ne se propage que par degrés et de proche en proche.

On s'élève bien fort contre le danger d'incendie créé par les allumettes phosphorées après leur sortie des ateliers de fabrication, et l'on ne songe pas que ce danger, s'il était aussi grave qu'on le dit, serait bien plus redoutable dans la fabrique même que partout ailleurs. Or, s'il est vrai qu'à ce point de vue la fabrication des allumettes exige une grande attention, comme nombre d'autres fabrications dangereuses, il est vrai aussi que ce danger est beaucoup plus facile à conjurer que dans la fabrication des allumettes au chlorate; ou pour mieux dire, ce qui est possible et facile dans la fabrication des allumettes au nitrate, est tout à fait impossible dans celle des allumettes au chlorate. Une masse de chlorate en préparation, enflammée par la plus minime de ses parcelles est à l'instant même en ignition tout entière; et, si la masse est suffisante, ce qui ne veut pas dire bien considérable, les ouvriers présents sont tués et l'atelier tout entier vole en éclats avant qu'on ait eu le temps de voir par où le mal a commencé. Avec les préparations au nitrate, au contraire, si un point se sèche pendant le travail et vient à prendre feu, ce qui arrive fréquemment, l'ouvrier qui, ne le vît-il pas, serait immédiatement averti par une fumée épaisse et suffocante, en est quitte pour mouiller le point enflammé avec une éponge qu'il a toujours sous la main à cet effet, ou même tout simplement avec la mouvette en bois garnie de pâte liquide, et la combustion s'arrête à l'instant même, le feu est complètement éteint.

Aussi les ateliers de fabrication établis d'après ce procédé ne brûlent-ils pas plus souvent que d'autres ateliers classés comme dangereux par les compagnies d'assurances; et l'on peut affirmer que, lorsqu'ils brûlent, il y a eu défaut absolu de surveillance.

Quant aux allumettes emballées, elles sont dans l'impossibilité presque absolue de prendre feu. Indépendamment des moyens d'emballage plus parfaits que l'expérience a fait trouver, leur nature même devient un préservatif contre le danger d'incendie des colis.

Elles sont divisées par petites boîtes dans lesquelles elles sont serrées de manière à en occuper toute la capacité. Il se trouve donc dans la boîte une très petite quantité d'air et par suite d'oxygène, gaz indispensable pour la combustion. Les substances du genre du phosphore exigent pour brûler une quantité relativement considérable d'oxygène. Aussi la combustion d'une allumette dans une boîte fermée suffit-elle presque toujours d'une part pour absorber tout l'oxygène qu'elle contenait, tandis que d'autre part elle remplace cet oxygène par de l'azote et une épaisse fumée qui rendent impossible l'inflammation des autres allumettes, fussent-elles froissées vivement de manière à prendre feu dans des conditions ordinaires.

En résumé, la différence des allumettes chloratées et des allumettes au nitrate se réduit à ce peu de mots : dans les premières, le feu se propage avec une telle instantanéité que toute la masse est enflammée et détonne simultanément avant qu'il y ait eu la moindre production d'azote et de fumée, et alors le danger est énorme puisque le colis tout entier devient une véritable machine infernale. Tandis que, dans les allumettes au nitrate, la matière brûlant lentement, *en fusant*, comme on le dit pour la poudre mouillée, il se produit dès le premier moment des substances gazeuses qui rendent promptement la combustion impossible, si elle a lieu dans un espace circonscrit, qui permettent de voir progresser et d'arrêter facilement le feu si l'événement arrive en plein air.

Aussi les entrepreneurs de transports, soit par terre, soit par eau, chemins de fer et autres, n'hésitent-ils plus à transporter ces sortes d'allumettes dont les colis n'offrent aucun danger pour le reste du chargement ; bien qu'il arrive souvent qu'au déballage on trouve quelques boîtes altérées par un commencement de combustion intérieure qui n'a pas eu de suite.

DEUXIÈME GENRE. — Incendies de maisons et de granges dans les champs.

De tout temps les allumettes, soit simplement soufrées, soit chimiques ou autres, ont pu servir et serviront à incendier des maisons et des granges. Mais ce n'est pas là un grief sérieux contre les allumettes phosphorées plus que contre les autres.

Ces incendies ont toujours lieu en effet, comme les incendies de bruyères et même de forêts, ou par la malveillance qui saura toujours trouver, quand elle le voudra, un moyen de mettre le feu, même en l'absence de toutes les sortes d'allumettes, ou par l'imprudence soit des fumeurs, soit de tous ceux qui allument du feu dans les champs pour une cause quelconque et qui ne prennent pas soin d'éteindre les résidus de leur opération.

Cela, je le répète ne regarde pas plus les allumettes phosphorées que les autres.

TROISIÈME GENRE. — Incendies dans les villes par les enfants qui, en jouant avec les allumettes, mettent le feu à leurs vêtements.

C'est là encore une sorte d'évènement qu'il est ridicule d'attribuer aux allumettes phosphorées plus qu'à d'autres.

Partout, et dans Paris surtout, il est des parents imprudents qui laissent de jeunes enfants souvent seuls dans une chambre avec du feu soit pour les chauffer pendant l'hiver, soit pour préparer des aliments pendant l'été. Presque toujours ces imprudences ont des suites fatales, même sans qu'il soit besoin d'allumettes.

Celles-ci peuvent, il est vrai, devenir une occasion d'accidents dans les cas où il n'a pas été laissé de feu à la disposition des enfants. Mais croit-on remédier à cette sorte de danger parce qu'on aura laissé dans le logement, au lieu d'allumettes phosphorées qui s'allument partout, des allumettes allemandes qui ne s'allument que sur le côté de la boîte frotté de phosphore rouge, ou des allumettes Canouil qui ont besoin d'un frottement un peu plus fort ? Est-ce que les parents qui laissent à disposition les allumettes actuelles, ne laisseront pas tout aussi bien les autres ? Est ce que les enfants ne sauront pas bien remarquer que les unes s'allument sur la surface rouge-brun de la boîte, que les autres veulent être frottées plus fort ? N'auront-ils pas pour ces dernières reçu des instructions toutes spéciales en entendant cent fois par jour leurs parents les maudire à raison de leur résistance à l'inflammation ?

En somme, les incendies et les évènements que les enfants occasionnent en jouant avec le feu ont lieu aujourd'hui par le moyen des allumettes phosphorées parce que ce sont les seules qu'on ait sous la main. Ils avaient lieu auparavant avec les allumettes soufrées. Ils auront lieu en tout aussi grand nombre par tout autre moyen de se procurer du feu qui pourra être substitué à celui-ci.

QUATRIÈME GENRE. — Incendies dans les jardins, sur les voies publiques, dans les salons, par des allumettes écrasées sous les pieds.

Ce *quelque chose échappé des mains d'un fumeur* « et qui, touché du pied par de « jeunes valseuses, crée à l'instant un jet de flamme qui les poursuit et les dévore...... » est sans doute une expression fort poétique ; mais c'est, on en conviendra, un peu vague pour fonder une accusation aussi sérieuse que celle dont il s'agit.

Ce *quelque chose* si dangereux est-il une allumette enflammée que le fumeur a rejetée imprudemment après en avoir fait usage ? Alors le fait est possible et s'explique, mais il arrivera tout aussi bien avec les allumettes Coignet, Canouil ou autres.

A-t-on voulu parler d'une allumette non enflammée, tombée à terre et enflammée là par le pied des danseuses ? Alors le fait est à peu près impossible ? La simple pression du pied sur la tête d'une allumette tombée sur un parquet ne suffit pas pour lui faire prendre feu ; c'est une épreuve que chacun peut répéter. Il faut absolument un frottement. Il faut que le pied, après s'être posé sur l'allumette, se retire ou s'avance en frottant, et alors, si le parquet est ciré et uni, l'allumette suivra le mouvement du pied et souvent ne s'enflammera pas, ou si elle s'enflamme, elle sera immédiatement éteinte sous le pied qui ne pourra se retirer assez vite pour la laisser brûler.

Mais l'allumette aura pu se trouver prise entre deux lames de parquet et être ainsi fixée de façon à subir le frottement du pied sans le suivre ; alors la tête de l'allumette, maintenue de trois côtés et privée d'air, s'éteindra aussitôt qu'allumée, en laissant à peine apercevoir le feu qui se sera produit.

Veut-on admettre pourtant que, par un concours de circonstances tout à fait extraordinaires, il sera arrivé que le pied d'un danseur ou d'un promeneur aura glissé ou frotté sur une allumette assez fortement pour l'enflammer, assez vivement aussi pour ne pas l'étouffer au même moment ? L'allumette restant étendue dans sa longueur sur le parquet, la partie soufrée pourra seule prendre feu en donnant lieu à une flamme bleuâtre de quatre à cinq millimètres de hauteur au plus, durant à peine quelques secondes et n'ayant certainement ni la dimension ni surtout l'activité nécessaires pour enflammer des vêtements, fussent ceux d'une danseuse.

L'impossibilité d'inflammation est plus absolue encore lorsqu'il s'agit d'une allumette tombée sur le sol d'un parc ou d'une voie publique.

On parle de l'évènement de Mme de Fitz-James. La seule chose qui paraisse certaine c'est que cette dame vit ses vêtements s'enflammer subitement au moment où elle se promenait dans son parc, et qu'on ne put malheureusement pas la secourir à temps pour éteindre le feu. Mais a-t-on constaté que c'était bien elle-même qui, en marchant sur une allumette tombée là, y avait mis le feu ?.... nullement. On a seulement constaté l'inflammation de ses vêtements et le malheur qui s'en est suivi ; puis, en cherchant à expliquer le fait, on s'est dit que *probablement elle avait dû marcher* sur une allumette chimique..., etc., et ce qui n'était à l'origine qu'une simple probabilité, a été transformé par la filière des récits en un fait avéré et certain.

Pour moi, Monsieur le Ministre, je ne crains pas de le dire, et tous ceux qui réfléchiront ou qui voudront expérimenter seront de mon avis, *le fait* ainsi expliqué *est absolument impossible.*

Dans une allée sablée l'allumette pressée du pied s'y enfoncera et ne pourra être enflammée qu'au moyen d'un effort pénible et dirigé avec intention. Il en sera de même sur de la terre même assez fortement tassée.

Puisqu'il y avait au château de Mme de Fitz-James des fumeurs qui avaient pu laisser tomber des allumettes dans son parc, pourquoi ne pas expliquer l'évènement par cette circonstance vraisemblable au moins, que l'un d'eux qui précédait cette dame de quelques instants avait jeté imprudemment sur son passage une allumette enflammée qui brûlait encore lorsqu'elle arriva là ?

Un évènement tout semblable s'est produit il y a quelques mois sur le boulevart des Italiens où deux jeunes dames virent tout-à-coup leurs robes s'enflammer, et ne furent sauvées du danger que grâce au secours des sergents de ville et au concours des passants; cet évènement, dont il fût impossible de savoir la cause d'une manière certaine, a été dans le moment interprété comme je viens de le faire pour celui de Mme de Fitz-James, et c'est en effet la seule explication admissible.

Mais quelque déplorables que soient de pareils accidents, heureusement fort rares, c'est à l'imprudence des fumeurs et non aux allumettes phosphorées qu'il faut les attribuer. Et ils seront tout aussi possibles qu'aujourd'hui avec les allumettes de quelque autre système que ce soit.

Quant à l'inflammation d'une boîte d'allumettes dans la poche du fumeur, deux ou trois faits de ce genre ont été depuis un an signalés par les journaux, *dans les faits divers*. Et, bien qu'on sache parfaitement que les pourvoyeurs habituels des journaux pour cette sorte de denrée ne se font nul scrupule *d'en fabriquer* eux-mêmes lorsque la tradition orale ne leur a pas fourni la quantité voulue, je veux croire que tous se sont réellement produits; je dirai seulement qu'il n'a pas pu suffire de s'asseoir brusquement sur une boîte pour produire l'inflammation, et je constaterai que le dégât occasionné dans ces circonstances s'est borné, selon les récits eux-mêmes, à quelques trous dans la poche qui contenait les allumettes.

En résumé, tous les faits d'incendie imputés aux allumettes phosphorées se seraient produits également et de la même manière avec d'autres sortes d'allumettes : ils sont donc sans valeur contre la fabrication actuelle.

Troisième grief. — Dangers d'empoisonnements volontaires ou accidentels.

Le phosphore blanc est vénéneux, c'est un fait incontestable, mais à quel degré l'est-il ? c'est ce qu'on n'a point cherché à préciser exactement; c'est ce que je vais essayer de faire tout d'abord.

Le phosphore, dit le *Dictionnaire de Chimie* du docteur Hoefer (in-12, 1846, Didot, ff. p. 277) pris A DOSE ÉLEVÉE, *agit comme un poison énergique*..... Il est *insoluble dans l'eau*, soluble dans le sulfite de carbone, l'huile de Naphte, l'éther et les huiles grasses (p. 276).

Le *Dictionnaire de Médecine* de Bayle et Gibert (in-8°, 1836, 1er vol., p. 601) nous donne les renseignements suivants sur les *empoisonnements par le phosphore*.

Il range, ainsi qu'il suit, par *ordre décroissant* d'énergie vénéneuse les différentes préparations phosphoriques :

1° Acide phosphorique ;
2° Phosphore dissous dans l'huile ;
3° Phosphore dissous dans l'éther ;
4° Et au dernier degré le phosphore en nature.

Cette gradation décroissante est parfaitement justifiée par cette circonstance, indiquée dans le dictionnaire du docteur Hoefer, que le phosphore *se dissout dans l'huile et est insoluble dans l'eau*. Les liquides contenus dans l'estomac étant de nature aqueuse, le phosphore doit y être difficilement absorbé, tandis qu'il l'est très facilement lorsqu'il y est ingéré dissous dans l'huile.

« L'acide phosphorique agit, dit le même ouvrage, comme les acides les plus con-
« centrés.....

« La dissolution de phosphore dans l'huile ou dans l'éther a une intensité vénéneuse
« plus grande que le phosphore solide et nécessite le même traitement que *les acides*
« *forts.....*

« Le phosphore..... introduit dans l'estomac y détermine des accidents qui dépendent
« de l'état de ce viscère. Si l'estomac contient beaucoup d'aliments et surtout de liquides,
« l'activité du poison sera médiocre; elle sera très intense, au contraire, si l'estomac est
« vide. Dans tous les cas on s'empressera de faire boire de l'eau en quantité et de solliciter
« ainsi l'expulsion du phosphore par les vomissements; le traitement au surplus sera le
« même que dans *l'empoisonnement par les acides.* »

Tout ce passage, que j'ai seulement un peu abrégé, justifie qu'à tort il a été dit dans les
documents extraits plus haut, qu'on *ne connaissait encore aucun antidote contre les effets du
phosphore.*

Voici maintenant des renseignements fournis par Orfila, le savant professeur, qu'on
peut considérer comme ayant été le créateur en France de la médecine légale.

Les passages qui suivent sont extraits de son *Traité de Médecine légale*, 3 vol. in-8°.
Paris, 1848.

T. III°, p. 55 : « Le phosphore en morceaux ingéré dans l'estomac rempli d'aliments
« peut y occasionner une inflammation d'estomac et des intestins.

« Préalablement *dissous dans un véhicule* (éther ou huile) à la dose de un à dix centi-
« grammes, il excitera puissamment le système nerveux et surtout les organes génito-
« urinaires, etc.

« Il résulte de mes expériences et d'un grand nombre d'observations (voyez ma *Toxico-
« logie générale*) : 1° que le phosphore dissous dans l'huile et injecté dans les
« veines, etc. ;

« 2° Qu'étant introduit dans l'estomac à la dose de quelques centigrammes, *après avoir
« été dissous dans un véhicule,* il est absorbé et excite le système nerveux ;

« 3° Que, *sous cette forme et à plus forte dose,* il peut déterminer la mort ;

« 4° Que lorsqu'on introduit le phosphore en cylindre dans l'estomac, il se produit de
« l'acide phosphorique qui enflamme les parties des membranes avec lesquelles il est en
« contact ;

« 5° Que la combustion est d'autant plus lente que l'estomac contient une plus grande
« quantité d'aliments, le phosphore se trouvant alors enveloppé et par conséquent à
« l'abri du contact de l'air. »

Ici se trouve par renvoi une note trop importante pour que je ne la transcrive pas en
entier.

« Il arrive même que le phosphore n'a point encore agi sur l'estomac *plusieurs heures
« après son ingestion.* J'ai donné à un animal une très grande quantité d'aliments ; immé-
« diatement après, je lui ai fait prendre huit grammes de phosphore en vingt petits
« cylindres ; au *bout de huit heures,* il n'éprouvait aucune incommodité. On l'a ouvert et
« l'on a vu que le phosphore se trouvait enveloppé d'aliments; *l'estomac n'offrait pas la
« moindre trace d'inflammation.* »

Ces données de la science pratique sont d'une importance qui ne vous échappera pas,
Monsieur le Ministre ; mais ce qui est plus grave et plus rassurant encore, ce sont les
deux observations suivantes que j'emprunte à M. Stas.

PREMIÈRE OBSERVATION. — « Ce qui doit jusqu'à un certain point rassurer la société,
« c'est que, si l'empoisonnement est facile à commettre, *les symptômes offerts par la vic-
« time trahissent toujours le crime,* et qu'après la mort il est possible, même facile, de

« constater la présence du poison. » M. Orfila indique aussi dans son ouvrage, comme un caractère constant de l'empoisonnement par le phosphore et ses préparations, l'odeur alliacée qu'exhalent l'estomac, les intestins, et toutes les parties du corps avec lesquelles le poison a pu se trouver en contact, et cela pendant un temps assez long après la mort. Ce n'est donc que par suite d'un mouvement oratoire peu réfléchi que le phosphore a été indiqué, dans les griefs que j'ai plus haut analysés, comme *très difficile à constater dans nos organes.*

Deuxième Observation de M. Stas. — « D'ailleurs, les mets chauds et même froids « auxquels on a ajouté du phosphore exhalent une odeur nauséabonde et possèdent un « goût d'ail très prononcé. »

Il y a, Monsieur le Ministre, vous serez le premier à le reconnaître, deux grandes garanties pour la sécurité publique dans le rapprochement de ces deux circonstances : 1° *La présence du poison sera toujours facile à constater et à reconnaître* dans le corps de la victime, et, par conséquent, le coupable n'a pas l'espoir d'échapper aux recherches de la justice ; et, d'un autre côté, *le poison,* même à petites doses, emporte avec lui inévitablement *une odeur et une saveur d'ail nauséabondes* et si prononcées qu'il est impossible d'avaler, sans s'en apercevoir, les aliments auxquels il se trouverait mêlé volontairement ou accidentellement.

Ainsi, pas de probabilité qu'un criminel choisisse pour commettre un crime une substance qui le trahirait si vite et si facilement, si par hasard elle venait à être absorbée par la victime ; et qui d'une autre part a, tout d'abord, si peu de chances de n'être pas repoussée avant d'arriver jusque dans la bouche.

Cela répond suffisamment, sans doute, sans qu'il soit besoin d'entrer dans aucun détail, à ce tableau d'un homme *frappé de mort inopinément* après un bon repas pendant lequel il a avalé inaperçues *quelques têtes d'allumettes chimiques ;* à cet autre canard de la triple tasse de café foudroyant subitement trois personnes, sans qu'aucune d'elles ait été avertie du danger par l'odeur nauséabonde, par le goût détestable de la substance qu'elles avalaient pour du café.

En présence de ces explications si détaillées, si précises, si incontestables, dans lesquelles je n'ai pris pour guide que la vérité et la bonne foi, tout le monde reconnaîtra, j'ose l'espérer, et même l'élégant mais trop impressionnable écrivain qui semblait en douter au mois d'avril dernier, que « malgré les allumettes chimiques au phosphore « blanc, prodigieusement répandues en tous lieux, on peut toujours voyager, danser, se « promener, s'asseoir, manger et même dormir, sans courir le risque de se trouver ino- « pinément en proie aux horreurs de l'incendie, du poison et de la mort... » Et je ne crois pas me tromper en affirmant que c'est très certainement ce que lui-même a fait depuis ce moment-là, sans éprouver le besoin d'attendre les détails rassurants dans lesquels je viens d'entrer.

C'est donc encore ici le cas, Monsieur le Ministre, d'en revenir à l'opinion émise par M. Stas au nom du jury international et de dire avec lui : « Le danger pour la sécurité publique et privée existe ; mais il n'est qu'un *résultat prévu, inévitable des qualités de l'allumette ;* il est en raison même de sa sensibilité, c'est-à-dire de la facilité avec laquelle elle prend feu lorsqu'on veut s'en servir. *Pour que ces inconvénients disparaissent, il faut que le consommateur cesse de réclamer cette sensibilité.*

« En examinant tous les cas d'accidents signalés, et en exceptant ceux causés par la « malveillance, on s'aperçoit aisément qu'ils dépendent, *soit de l'imprudence, soit de* « *l'imprévoyance des personnes* ....

« Lorsque chacun tiendra ces hôtes aussi dangereux que commodes dans des vases
« fermés et dans des lieux convenables, ils ne compromettront pas plus la sécurité que
« d'autres objets que les nécessités de la vie nous obligent de posséder. L'INTERDICTION *de*
« *la fabrication et de la vente des allumettes phosphoriques actuelles*, que l'on sollicite dans
« certains pays, *nous paraît mal fondée* surtout en la basant sur les dangers que court la
« sécurité. *A ce titre, il faudrait interdire la fabrication et l'emploi des instruments tran-*
« *chants et des armes à feu.* »

Troisième Section. — IMPORTANCE DE L'INDUSTRIE FRANÇAISE COMPARATIVEMENT A L'INDUSTRIE ÉTRANGÈRE.

Les nouvelles allumettes allemandes finiront-elles par acquérir un degré de perfection qui les fera préférer aux allumettes actuelles au phosphore blanc ? C'est une question que l'expérience seule pourra résoudre. Quant à présent, je crois avoir établi que ce résultat n'est pas encore atteint, et je puis citer à l'appui de mes arguments un fait qui n'est pas sans importance.

C'est dans les premiers mois de l'année 1857 que se sont produites en masse les plus violentes accusations contre les allumettes au phosphore blanc, et en même temps les éloges les plus chaleureux en faveur des allumettes Lundstrom-Coignet ; depuis ce moment, les annonces-réclames dans les plus larges dimensions n'ont pas cessé de figurer à la quatrième page des grands journaux ; des dépôts ont été établis sur tous les points de Paris ; et nonobstant tout ce fracas fait autour de la nouvelle invention, je n'ai éprouvé aucune diminution dans l'importance de mes commandes, et je crois pouvoir affirmer qu'il en a été de même pour mes confrères de Paris.

Il en faut conclure, ce me semble, que les allumettes au phosphore blanc sont, au moins jusqu'à présent, dans des conditions qui satisfont plus complétement aux besoins et aux habitudes des consommateurs.

Si donc il arrivait que le Gouvernement français vînt à frapper d'interdit l'industrie actuelle, il doit être bien assuré par avance que la fabrication étrangère trouverait moyen de fournir aux consommateurs français, nonobstant toutes les mesures douanières, le produit qu'ils préfèrent, comme cela a eu lieu tout récemment pour l'Espagne qui a dû, par suite, revenir promptement sur les mesures restrictives qu'elle avait adoptées. Mais le mal ne s'arrêterait pas là, et une fois entrées dans la voie de se substituer à notre fabrication, les fabriques étrangères ne manqueraient pas de s'emparer immédiatement du petit nombre de marchés étrangers que nos fabriques desservent maintenant concurremment avec elles.

Le Gouvernement français devrait donc bientôt lever l'interdit prononcé contre la fabrication, l'introduction et l'emploi des allumettes au phosphore blanc ; mais quelque peu de temps qu'eût duré cette interdiction, elle aurait produit un mal irréparable, et l'industrie française ne se relèverait jamais de sa ruine. Pour en être convaincu, il suffit de comparer l'importance de cette industrie en France avec ce que nous savons de celle de l'Allemagne.

Si je devais fournir ici des chiffres rigoureusement exacts sur l'importance de la fabrication des allumettes chimiques en France, je devrais convenir que cela présente une assez grande difficulté. La statistique publiée en 1848 par la Chambre de Commerce de Paris a confondu les renseignements relatifs à cette industrie avec ceux qui concernent la fabrication des mèches et veilleuses, ce qui ne permet pas d'apprécier distinctement chacune de ces deux industries ; et, d'un autre côté, de notables changements se sont produits depuis 1848.

Toutefois, en combinant les diverses données que j'ai pu me procurer, je crois n'être pas bien loin de la vérité en admettant qu'il y a à Paris une vingtaine de fabriques d'allumettes chimiques, plus ou moins importantes, occupant ensemble environ et au plus quinze cents ouvriers. A cela, il faudrait ajouter une dizaine de fabriques de province faisant presque exclusivement l'allumette commune et n'occupant pas au-delà de pareil nombre d'ouvriers, soit quinze cents, comme à Paris. Cela ferait pour toute la France une trentaine de fabricants et environ trois mille ouvriers produisant annuellement une quantité de cinq milliards d'allumettes au plus. Et, en faisant ce calcul, je crois être plutôt au-dessus qu'au-dessous de l'importance réelle de la fabrication française.

Or, qu'est-ce que ce misérable total de trois mille ouvriers et cinq milliards d'allumettes comparé au peu que nous connaissons de la fabrication étrangère ?

La maison Preshel, de Vienne (Autriche), occupe à elle seule douze cents ouvriers et produit vingt-sept milliards d'allumettes de toute espèce ; la maison Pollack occupe quinze cents ouvriers ; la maison Bernard Fürth, deux mille cinq cents ; la fabrique de Jönköping, dirigée par M. Lundstrom, n'occupe que quatre cents ouvriers, mais elle fait la plupart de ses travaux par des moyens mécaniques. Enfin, en réunissant seulement *neuf fabriques étrangères récompensées* par le jury et sur lesquelles il nous a donné quelques renseignements statistiques, et en évaluant leur production réunie d'après celle de M. J. Preshel, on arriverait à un total de onze à douze mille ouvriers pour une production annuelle de deux cent cinquante milliards d'allumettes, soit cinquante fois la production française.

Or, il faut remarquer que, si neuf fabricants étrangers seulement ont été récompensés par le jury, il y en avait en tout dix-sept de présents à l'Exposition universelle, et que ces dix-sept fabricants ne représentaient vraisemblablement qu'une partie de la production étrangère.

En présence de cette effrayante concurrence luttant contre nous avec une avance de vingt années pour les principales maisons, et avec toutes les ressources d'une organisation faite sur les plus larges bases, on ne saurait concevoir l'espoir de relever jamais cette branche de l'industrie française, s'il lui fallait subir un temps d'arrêt, quelque court qu'il fût.

Résumé et Conclusions.

En somme, Monsieur le Ministre, je crois avoir établi d'une manière incontestable dans ce qui précède :

1° Que les nouvelles allumettes allemandes au phosphore rouge, dans leur état actuel, présentent au point de vue de la fabrication et de la consommation des dangers et des inconvénients d'un autre genre, mais tout aussi graves, si non plus, que les allumettes phosphorées au nitrate, telles qu'on les fabrique aujourd'hui dans les bonnes maisons ;

2° Que les allumettes dites *sans poison* ne sont qu'une résurrection sans valeur des allumettes congrèves ou électriques de 1832-35, repoussées au bout de peu d'années par la consommation qui leur a préféré les allumettes au phosphore, bien qu'elles fussent alors fabriquées avec le chlorate ;

3° Que lors même que les fabricants français voudraient adopter aujourd'hui, comme ils en auraient le droit, le nouveau système allemand au phosphore rouge, ils en seraient empêchés par l'impossibilité de se procurer les matières premières de cette fabrication :

4° Que les dangers attribués à la fabrication des allumettes au phosphore blanc sur la santé des ouvriers sont loin d'avoir la gravité qu'on leur a supposée, et qu'ils n'existent d'ailleurs que dans les fabriques mal ventilées, d'où suit que l'administration peut, avec les moyens dont elle dispose, faire facilement cesser cette cause d'insalubrité.

5° Que les dangers d'incendie sont la conséquence inévitable de tout système d'allumettes facilement inflammables ; qu'ils existeraient aussi graves et aussi fréquents avec tout autre système quelconque qu'on tenterait de substituer au système actuel : d'où suit qu'on ne saurait sans injustice les imputer spécialement aux allumettes au phosphore blanc.

6° Que les dangers d'empoisonnement volontaire ou accidentel, s'ils ne sont pas absolument imaginaires, sont au moins fort peu redoutables par cette double raison 1° que ce poison étant toujours facile à découvrir, les criminels seront peu disposés à choisir une substance si propre à les déceler; 2° que son odeur et sa saveur nauséabondes sont de nature à avertir, dès le premier moment, celui à qui il serait présenté, avec ou sans mauvaise intention ;

7° Que la fabrication des allumettes phosphorées au nitrate ou même simplement à la colle, si elle n'est pas exempte de dangers, en présente sans aucun doute de beaucoup moins graves et de plus faciles à conjurer que celle des allumettes au phosphore rouge, système allemand, ou des allumettes dites sans poison, système Canouil, Coignet, Hochstaetter et autres, dans lesquels il faut employer et manipuler en grand le chlorate de potasse, si prodigieusement explosible aussitôt qu'il s'y trouve ajouté à dessein ou par hasard une parcelle quelconque de substance inflammable (phosphore, sulfure métallique, sciure de bois, etc, etc.).

Que dès lors, s'il devait être question de prendre des mesures sévères, ce devrait être contre ces sortes d'allumettes bien plus tôt que contre les allumettes phosphorées au nitrate, lesquelles ont en outre l'avantage de satisfaire beaucoup mieux aux désirs et aux besoins des consommateurs.

Mais je suis loin de vouloir me montrer aussi exclusive que ceux que j'ai dû combattre. Je me bornerai donc à conclure, Monsieur le Ministre, à ce que le Gouvernement maintienne pour tous, pour mes adversaires comme pour moi et mes confrères, la liberté de fabrication la plus entière.

S'il arrive que les procédés nouveaux parviennent à se faire accueillir de préférence par la consommation générale, il faudra bien que tous les fabricants entrent dans cette voie. Mais la transformation se fera alors sans violence, graduellement, et vraisemblablement au moyen de modifications non encore prévues, et qui la justifieront aux yeux des fabricants comme à ceux du public.

Une remarque dont l'importance et la gravité n'échappera pas à votre excellence, Monsieur le Ministre, c'est que pendant douze années, de 1836 à 1848, la fabrication française n'a livré à la consommation et au commerce que des allumettes phosphorées au chlorate, allumettes si réellement dangereuses à tous les points de vue, qu'elles avaient alarmé les gouvernements de Bavière, Hanovre, Brunswick et Sardaigne, et les avaient déterminés à en proscrire absolument l'introduction, la fabrication et l'usage. Or, pendant tout ce temps, le Gouvernement français ne s'émut pas de cette fabrication, ne songea pas à l'entraver par des mesures quelconques, et la laissa tranquillement naître, vivre et mourir.

Et l'on voudrait aujourd'hui pousser le Gouvernement français dans cette voie dange-

reuse de l'interdiction contre les allumettes au nitrate dont l'apparition et l'expérimen-
tion ont suffi pour faire rétracter par les gouvernements sus-énoncées, l'interdiction q
avaient prononcée contre les allumettes au chlorate !....

Enfin, Monsieur le Ministre, vous serez frappé, j'ose l'espérer, par une considération
générale qui domine tout le travail que j'ai l'honneur de vous adresser ici, c'est que, dans
cette circonstance, ce n'est pas mon intérêt unique et privé que je défends, mais celui de
la fabrication française tout entière, celui même des concurrents que j'ai le plus à redouter,
puisqu'ils font les mêmes articles que moi; tandis que ceux, dont j'ai été, malgré moi,
amenée à combattre les prétentions, n'ont évidemment pour mobile que les calculs d'un
intérêt tout individuel, mal dissimulé sous le voile du bien public.

Je ne demande, soit pour moi, soit pour mes confrères, d'autre droit que celui de continuer à exercer, sous la protection des lois, une industrie qui nous a coûté à tous de longs
et pénibles travaux, et fait débourser depuis nombre d'années des capitaux importants;
d'autre faveur que celle d'éviter les pertes énormes dont nous menacent les mesures solli-
citées; je lutte enfin, comme on le dit au Palais, *de damno ritando*, tandis qu'il s'agirait
pour nos adversaires *de lucro captando*, de réaliser sans peine et sans efforts et dans un
temps très-court, des avantages considérables au moyen d'un semblant d'industrie impro-
visé à la hâte.

J'ose donc espérer, Monsieur le Ministre, que vous n'hésiterez pas à prendre en sérieuse
considération les observations que j'ai l'honneur de vous soumettre ici, et celles que je me
réserve de vous présenter encore, s'il y a lieu, après la communication que j'ai l'honneur
de vous demander; et que vous voudrez bien faire valoir dans les conseils de Sa Majesté
les nombreuses et graves raisons qui militent en faveur du maintien absolu de la liberté la
plus entière pour l'industrie des allumettes chimiques.

Je suis avec respect, etc.

Paris, le 18 Janvier 1858.

www.ingramcontent.com/pod-product-compliance
Ingram Content Group UK Ltd.
Pitfield, Milton Keynes, MK11 3LW, UK
UKHW021022120726
13693UKWH00005B/2150